伟大可以被拆解

DECODING GREATNESS

How the Best in the World Reverse Engineer Success

善用逆向工程
实现创新突破

［美］罗恩·弗里德曼 ／ 著
Ron Friedman

张镭珊 ／ 译

中国科学技术出版社
·北京·

北京市版权局著作权合同登记 图字：01-2024-0226。

图书在版编目（CIP）数据

伟大可以被拆解：善用逆向工程实现创新突破 /
（美）罗恩·弗里德曼（Ron Friedman）著；张镭珊译
. —北京：中国科学技术出版社，2024.6
书名原文：Decoding Greatness: How the Best in
the World Reverse Engineer Success
ISBN 978-7-5236-0591-2

Ⅰ . ①伟… Ⅱ . ①罗… ②张… Ⅲ . ①成功心理—通
俗读物 Ⅳ . ① B848.4-49

中国国家版本馆 CIP 数据核字（2024）第 067165 号

策划编辑	申永刚	执行策划	赵　嵘
责任编辑	童媛媛	版式设计	蚂蚁设计
封面设计	东合社	责任印制	李晓霖
责任校对	张晓莉		

出　　版	中国科学技术出版社
发　　行	中国科学技术出版社有限公司发行部
地　　址	北京市海淀区中关村南大街 16 号
邮　　编	100081
发行电话	010-62173865
传　　真	010-62173081
网　　址	http://www.cspbooks.com.cn

开　　本	880mm×1230mm　1/32
字　　数	145 千字
印　　张	7.25
版　　次	2024 年 6 月第 1 版
印　　次	2024 年 6 月第 1 次印刷
印　　刷	大厂回族自治县彩虹印刷有限公司
书　　号	ISBN 978-7-5236-0591-2 / B·174
定　　价	79.00 元

谨以此书，

献给我的外祖母，

感谢她教会了我，

不惧冒险、

珍惜所爱之人、

活得多姿多彩的道理。

前言
创新界秘史

当史蒂夫·乔布斯（Steve Jobs）发现自己惨遭背叛时，为时已晚。记者招待会已经结束，消息也早已传出。他慢慢意识到苹果（Apple）的领先优势即将消失。

那是1983年，我们当时在加利福尼亚州的库比蒂诺。虽然乔布斯与别人共同创立的电脑公司刚成立7年，但它发展迅猛。在短短几年内，华尔街估计其市值将超过10亿美元。但现在，乔布斯发现自己被人抢先一步，而此时距离苹果迄今为止最大胆的创意——苹果电脑（Macintosh）的发布仅有短短6周的时间。

这一沉痛打击来自2500多英里❶外的纽约城。彼时，比尔·盖茨正站在著名的赫尔姆斯利宫酒店奢华的宴会厅中，面向记者宣布微软计划研发一款用户友好型操作系统，而这个系统与苹果电脑有许多惊人的相似之处。

当时电脑的外观设备与今天的完全不同。忘了那些五颜六色的图形界面、可点击的图标以及交互式菜单吧，如果你

---

❶ 1英里是1.609344千米。——编者注

想使用一台 1983 年的电脑完成某项工作，你必须手拿键盘，输入一种死板的、基于文本的语言来传达指令。苹果电脑有两个主要创新点：炫目的电脑屏幕以及鼠标的使用。在新版电脑上，用户不必再使用那些晦涩难懂的计算机语言，他们只需点击鼠标就可获得想要的内容。

乔布斯迫不及待地想要将苹果电脑推向市场。他幻想在两个月内从根本上颠覆个人电脑市场。然而，盖茨却在此时宣布了新系统的诞生——一个叫 Windows 的东西。

乔布斯怒不可遏。毕竟，盖茨不是竞争对手，他只是苹果的一家软件供应商。

这几乎令人费解。乔布斯亲自挑选微软为苹果电脑开发软件并一直对盖茨很好。他和盖茨一起参加会议，邀请他参与苹果的活动，把他当作自己核心圈子的一员对待。这就是自己应该得到的回报吗？

"明天，把比尔·盖茨叫到这里来！"他对微软的经理命令道。

盖茨在不在美国的另一边并不重要。乔布斯如愿以偿。

第二天，苹果公司的高层全都到了会议室。乔布斯觉得人越多越好，当微软团队到达时，这可以向他们示威。他要向盖茨摊牌，并确保自己在人数上不会处于劣势。

但他根本不需要这样做。令所有人惊讶的是，微软没有派出团队。盖茨是一个人来的，一个人不紧不慢地直面"行刑队"（乔布斯以及苹果的高层）。

乔布斯毫不犹豫地指责他。"你这是偷窃!"他大叫道,"我那么信任你,可你现在却偷我们的东西!"苹果公司的高层也非常愤怒,所有的眼睛都盯着盖茨。

盖茨沉默地接受斥责。他停顿了片刻,其间,没有移开视线。然后,他说了一句令人极为震惊的话,这让整个房间的人哑口无言:"好吧,史蒂夫,我觉得我们可以换种方式来看待这件事。我认为这更像是我们都有一个叫施乐的有钱邻居。当我闯进他家偷电视机的时候,发现你已经偷了。"

盖茨知道 Windows 这个创意并不源于自己。但他不准备接受这样一个由鼠标驱动、带有图形界面的操作系统被认为是乔布斯的想法。苹果向媒体兜售什么英雄故事并不重要,盖茨知道真相。苹果电脑根本不是苹果的发明。它是对纽约罗切斯特的一家名为施乐的复印机公司的产品采取逆向工程的方法进行分析而后设计出来的。

那是 20 世纪 70 年代,当时的乔布斯还在上高中,而施乐公司正面临着生死存亡的危机。公司高管们非常忧虑。电脑的问世意味着无纸化办公的诞生,进而会导致复印机惨遭淘汰。他们承担不起被动等待的后果,他们必须得做点什么。为了尽早开始创新,他们在加利福尼亚州成立了帕罗奥多研究中心(Palo Alto Research Center)。充足的资金、勇于冒险的文化和地理上的优越性使施乐的帕罗奥多研究中心迅速成为人们后来所熟知的创意基地。硅谷人才济济,而施乐位于西海岸的创新前沿基地恰好可以让那些工程师们聚集起来，自由发挥。

在施乐研究中心的无数发明中，有一种很多人从未听说过的个人电脑：奥托电脑（Alto）。它有许多近似于苹果电脑的特征，包括让计算机更易于使用的图形界面，以及用于下达命令的鼠标。不同之处大概就是奥托电脑的发明先于苹果。

施乐只知道奥托电脑有价值，但没有意识到价值有多大。它只把奥托电脑当作一种可能引起知名大学和大公司兴趣的普通产品、一种高端办公设备。这也不足为奇。奥托电脑的售价远超 10 万美元（按今天的美元计算），而且最低购买数量为 5 台。这远远超出了美国国民的预算，即使是最富有的人群也很难买得起。

施乐有一个盲点。它的许多高管在 20 世纪四五十年代成年，而且是打字员兼秘书出身。他们根本无法想象电脑可以作为一种家用产品。这可能解释了为什么他们可以如此漫不经心地向参观者展示奥托电脑，包括 1979 年向史蒂夫·乔布斯展示的那一次。

当乔布斯看到奥托电脑时，他立刻就被迷住了。"你们坐在一座金矿上。"他对负责向他展示奥托电脑的施乐工程师说道。随着展示的进行，乔布斯几乎坐不住了。他变得越来越兴奋，显然难以压抑住自己内心的激动。在某个时刻，他甚至脱口而出："施乐没有利用这一点简直令人难以置信。"

展示结束后，他跳上自己的车，飞快地回到了办公室。与呆板的施乐高管们不同，乔布斯充分意识到了这项发明的重要性。他相信自己已经窥到了未来的一角，而且他不准备等施乐弄清楚这一点。"就是它了！"他告诉自己的团队，"我们必须这么做！"

一夜之间，开发鼠标驱动的图形用户界面成为苹果的核心焦点。他们并没有打算抄袭奥托电脑的设计。乔布斯认为他可以做得更好：他会将鼠标简化为一个按钮，并利用计算机的图形处理能力来制作艺术字体。他会找到技术上的解决方案，大幅降低奥托电脑过高的售价，从而普及个人电脑。

但这一切在进行之前，乔布斯要先听取团队的意见。他分享了他记忆中关于奥托电脑的一切信息，详细介绍了它的特点、功能和设计。他们将逆向推理，搞清楚它大致是如何组装的，目标是利用这些信息开发出一种具有突破性的新机器。❶

---

❶ 如果这则趣事让你对乔布斯和盖茨产生了误解，那么这些背景信息应该会有所帮助。有几件事实值得注意。首先，施乐无意向大众市场销售廉价电脑。大多数人之所以从未听说过奥托电脑并不是因为乔布斯窃取了这个想法，而是施乐没有意识到自己的技术潜力。其次，在盖茨看到苹果电脑之前，微软已经在研发图形用户界面了。盖茨同样迷上了施乐的电脑设计，但是乔布斯并不知道这一点。最后，乔布斯和盖茨都试图以独特的方式改进施乐的技术，而不是简单的复制。苹果的目标是让电脑变得更易于操作，而微软则是将顾客买得起电脑列为前提。两家公司都发现了一个未得到充分利用的想法，并且都在努力让它变得更好。尽管存在一些尖锐的指控，但很难证明两家公司的成功源于偷窃。

乔布斯的做法并不少见，至少在硅谷很常见。在硅谷，科技公司通常是先通过逆向工程思维集思广益，然后在此基础上生产出更具突破性的产品的。

如果康柏（Compaq）没有采取逆向工程思维对国际商业机器公司（IBM）的个人电脑进行分析，并将他们所获得的信息用于便携式电脑的开发，那么我现在正在用来输入文字的笔记本电脑就不会存在。发明鼠标的荣耀既不应该归于施乐，也不应归于乔布斯，而是属于斯坦福大学研究员道格拉斯·恩格尔巴特（Douglas Engelbart）的。恩格尔巴特在1964年制造了一个方形的木制鼠标原型，其内嵌的金属磁盘用于追踪这个木制原型的运动轨迹。甚至我正用来记录这些单词的软件——谷歌文档（Google Docs），也不是凭空出现的。它是开发者在仔细研究了现有的文字处理软件之后开发出来的。

使用逆向工程思维的过程就是系统地拆分事物、探索事物的内部运作方式，并提取新的见解的过程。它不仅仅是科技行业的一个有趣的特点。对于很多创新者来说，这更像是一种自然而然的趋势，是一种自然倾向。

当迈克尔·戴尔（Michael Dell）在16岁生日收到一台二代苹果电脑（Apple Ⅱ）时，他根本没想打开使用它，反而悄悄地把它抬到自己房间。他关上了门，一块一块地将它拆开，检查它是如何组装的。这让他的父母很震惊。短短几年后，他创立了戴尔电脑公司（Dell Computers），并且通过为用户定制配置的方法脱颖而出（用户下单时，可以告诉戴尔公司自己想要的电脑速度、存储器大小等，戴尔公司会根据要求进行组装）。谷歌的拉里·佩奇（Larry Page）9 岁时，他的哥哥让他玩自己的螺丝刀。他用螺丝刀拆开父亲的电动工具，偷看里面的结构。亚马逊的杰夫·贝佐斯（Jeff Bezos）的母亲杰奎琳一直认为儿子不同于常人。她还记得其想法被证实的确切时刻：看到她蹒跚学步的孩子试图拆开婴儿床。

纯粹的好奇心和求知欲是逆向工程的两个驱动力。技术开发人员使用这种做法的另一个更为实际的原因是，在许多情况下，解码已有软件的隐藏功能是编写兼容现有操作系统软件的唯一方法。

在公布软件功能之前，逆向工程就扮演着揭示软件功能颠覆性变化的关键角色。

26 岁的黄文津是中国香港的一名程序员。你可能从未听说过她。实际上，她是一位网络超级明星，是硅谷最受关注的推特（Twitter）账户之一的幕后策划者。

黄文津是一名"侦探"。她每天都翻阅代码，挖掘程序开发人员正在秘密测试的隐藏功能。每当你的手机或平板电脑上的应用程序更新时，更新包里都会包含一组新的编程说明。有时，指令的某些部分对大多数用户来说是用不到的，但对开发团队来说不是这样的。这正是黄文津感兴趣的。通过研究这些闲置的代码，她能够发现一些即将出现的、有趣的、前沿的功能。

黄文津的推特账号是创始人、程序员和科技记者的聚集地。他们会在这里发现像脸书（Facebook）、优步（Uber）、"照片墙"（Instagram）、声破天（Spotify）、爱彼迎（Airbnb）、缤趣（Pinterest）、Slack（团队协作沟通软件）和 Venmo（小额支付软件）等大公司即将推出的重磅新品。黄文津还揭露了很多隐藏功能：声破天的卡拉 OK 功能、"照片墙"可以隐藏一条帖子收到赞的数量的功能，以及脸书新的约会网站。

显然，硅谷中的工作者们对逆向工程思维并不陌生。这是技术创新者向同代人学习、培养开创性想法、保持领先地位的方式。

如果它能支撑你做同样的事情呢？

逆向工程在计算机领域蓬勃发展是有原因的。这是一个飞速发展的领域，因此，实时、持续的学习对于成功来说至关重要。

如果你希望在硅谷大有作为，那你就不能只关注杂志文章或专业会议上看到的重大创新，否则你就会落后于人。保持领先地位的唯一方法是掌握有说服力的发现、有用的技术和重要的趋势。

20 世纪 80 年代末，康奈尔大学和杜克大学的两位经济学家注意到了一个发人深省的趋势：在越来越多的市场中，收入逐渐集中在高层，集中在小部分人手中。

经济学家曾在职业体育、流行音乐和电影制作等名人云集的行业中，目睹过这种现象。但这一次截然不同。收入分配不均的现实如野火一般突然蔓延，出现在如会计师、医生和学者等普通职业当中。

是什么导致了这种转变？正如罗伯特·H.弗兰克（Robert H. Frank）和菲利普·J.库克（Philip J. Cook）在 1995 年出版的《赢家通吃的社会：为什么顶层的少数人比我们其他人得到的更多》（*The Winner-Take-All Society: Why the Few at the Top Get So Much More Than the Rest of Us*）一书中阐述的那样，技术进步往往伴随着令人不安的副作用：它们加剧了工作的竞争，助长了"赢家通吃"市场的崛起。

弗兰克和库克举了歌剧歌手的例子来说明技术进步是如何使竞争加剧的。在 19 世纪，歌剧演员比比皆是，从伦敦到圣彼得堡，著名的大型歌剧团遍布欧洲所有城市。那时由于出行困难，歌剧团只限于特定地点。如果你在 19 世纪渴望成为一名专业的歌剧歌手，那你的门槛还是相对较低的，你所要做的就是唱得比几英里内的其他表演者更动听。

然而，这样的情况在 20 世纪发生了翻天覆地的变化。交通、录音和无线电的改革创新打破了地理限制。优秀歌剧演员不再只在自己的家乡表演，观众们可以随时随地通过唱片和卡带来欣赏他们的表演。

对于音乐爱好者来说，这条消息令人振奋。但对于普通歌手来说，这是毁灭性的。因为他们面对的竞争者不再只是附近的表演者，还包括了像卢西亚诺·帕瓦罗蒂（Luciano Pavarotti）这样的人。

即使不是经济学家，你也会意识到这种推理的适用范围远超出了古典音乐的范畴。通过帮助雇主更加容易地寻找和雇用人才，技术进步在每个领域都扩大了竞争规模。

无论你的职业是什么，你面临的竞争都将比你的同事10年前面临的更多。你要面对的不再是同一区域的专业人士，而是来自世界各地的人才。对于客户和招聘经理来说，找出你所在领域的最佳人选并邀请他们合作，从未像现在这样简单。

但也有一线希望。因为如果你将自己定位为所在行业的帕瓦罗蒂，并且在某个有价值的方面脱颖而出，那么等待你的回报将比几十年前大得多。

那么，你该如何取得这样的成功呢？这主要在于你要培养快速学习的能力，让自己持续掌握新技能。

当今世界，对专业知识的掌握是一个动态的目标，而对知识的不懈追求是获得成功的必要条件。紧跟新的职业和创新趋势不再是成功人士的专利，而是紧跟时代潮流的基本要求。

正确的学习方式不仅能帮助你紧跟时代潮流，还能增强你的创造力，使你能够从相近的领域获得有价值的想法和独特的技能组合。随着时间的推移，这些因素也会慢慢累积，增加你做出贡献的机会，帮助你从所在领域的数千名专业人士中脱颖而出。

教育过去属于学术界的范畴。然而，在今天，传统教育已经跟不上时代潮流了。当一项重要的创新在课堂或在线课程中被提及时，它可能已经有好几年的历史了。

很显然，在当今快速发展、竞争激烈的环境中，有事业心的专业人士需要一种新方法。这种方法可以帮助他们免于陷入传统教育发展的困境，不断增长技能，并实时掌握重要发展趋势。

这把我们带回了硅谷：一个大多数专业人士都自学成才的地方。

因为 Windows 的出现，乔布斯从未原谅盖茨。

在他们的对决中，乔布斯不愿退让。无论盖茨准备了什么振奋人心的言论，乔布斯都确信：如果微软没有为苹果电脑开发软件，Windows 就永远不会存在。

让我们回到苹果的董事会会议室。乔布斯转移了盖茨关于施乐尖刻的评论话题并要求盖茨进行一次 Windows 的私人演示。盖茨表示同意。几分钟后，乔布斯宣布了他的决定。

他假装松了一口气，不屑一顾地宣布："哦，这实际上是一堆垃圾。"

这是一个挽回面子的好机会，盖茨非常愿意让乔布斯取得这一短暂的胜利。他告诉乔布斯："是的，这是一堆漂亮的垃圾。"

然而，不到 10 年的时间，Windows 主宰了市场，成为世界上最成功的操作系统。苹果则面临危机，业务一团糟。1997年，苹果公司在破产的最后一刻得到了一笔1.5亿美元的投资，这让其得以维持运营。这笔钱的投资人不是别人，正是盖茨。

尽管如此，乔布斯对盖茨还是冷酷无情的。他控制不住自己，特别是被记者邀请评论竞争对手时。乔布斯向他的传记作者沃尔特·艾萨克森（Walter Isaacson）说道："比尔几乎没有想象力，他没有发明过任何东西……这就是为什么我认为他现在更适合搞慈善而不是科技的原因。他只会无耻地剽窃他人想法。"

尽管这个过程很痛苦，但乔布斯还是笑到了最后。

2005年，乔布斯和盖茨都应邀参加了一位微软工程师的生日会。乔布斯之所以去是因为这位工程师的妻子是他的一位老朋友。他去得很不情愿，并且拒绝与盖茨共进晚餐。但令他没想到的是，这场晚宴将从根本上改变苹果的未来。

急于给老板留下深刻印象的微软工程师不停地详细描述一个他正在进行的项目，以及它将如何给计算机领域带来革命性变化。这是一款平板电脑。他认为这款平板电脑可能会让笔记本电脑过时。他喋喋不休地谈论这款设备的时尚设计、实用性和便携性。令他自豪的是，这款平板电脑的每个单元都附带了一支触控笔，这让它的使用变得简单。他一度开玩笑地建议乔布斯考虑生产他的产品，因为它将改变整个行业。

从表面上看，乔布斯似乎很不在意，但是他却在心里思考这种设计。

第二天早上，乔布斯召集了他的团队，向他们提出了一项挑战："我想做一台平板电脑，但它不能有键盘或触控笔。"他对复制微软的努力不感兴趣。他想进一步深化这种想法，并将其做得更好。

6个月后，苹果制造出了原型机，用户用手指就能在玻璃屏幕上打字。"这就是未来。"乔布斯看到它时宣称。但他没有让团队继续生产，而是把它抛至一边。他建议团队将这一触敏技术应用到另一个项目上，因为那个项目已经让苹果的工程师们停滞不前好几个月了。这款平板电脑暂时被搁置。

一年多后，旧金山一年一度的苹果大会上，乔布斯走上舞台，拿出了一款新品。这款产品将会使苹果成为世界上最赚钱的公司，它就是：苹果手机（iPhone）。

这一次，轮到盖茨感到自己被打败了。几年后，他透露了自己最初的反应。"天哪，"盖茨回忆当时的想法，"微软的目标还不够高。"

乔布斯和盖茨之间的较量包含了莎士比亚风格文字作品中的所有元素：有缺陷的主角、无休止的冲突、失败的联盟、背叛、复仇、宣泄等。较量的中心是两位杰出人物——理想主义且具有创造性的梦想家乔布斯和精明的编程专家盖茨，我们很容易将所有的注意力都集中在他们的个性、缺点

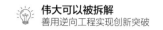
和天赋上。

但能让他们的故事如此引人入胜的不仅仅是他们身份的复杂性，也不仅仅是他们在个人计算机领域未来发展上进行的长达数十年的斗争。我们所忽视的内容在他们的故事中一次又一次地出现，并以某种方式在背后为他们的创新发挥着作用。那就是逆向工程。

乔布斯和盖茨研究了同代人的作品，并将从中提取到的关键信息应用于新产品的研发。在这个过程中，他们收获颇丰。然而，他们并不是唯一这样做的人。计算机的发展史不是一部关于个人英雄主义的历史，而是不断探索的创新者们相互学习，互相融合，借鉴前人经验并进化出新的产品和技术的历史。

你可能会认为逆向工程在计算机世界外的价值有限，实际上它的应用范围、可操作性以及吸引力着实令人惊讶。事实上，正如你将发现的那样，逆向工程不仅是商业巨头们喜欢的工具，也是文学巨匠、获奖厨师、喜剧家、音乐名家和冠军队伍们常使用的工具。

更重要的是，你可以将他应用于自己的领域，向同龄人学习，提取有价值的想法，并让你的工作朝着成功的方向发展。

本书的撰写分为两个部分。

第一部分探索了各行业的杰出人士如何对他们所钦佩的工程师的作品采用逆向工程的方法进行分析，以挖掘他们隐藏的见解、获得新技能，从而激发自身创造力。我们将分析他们采用的方法技术，确定我们可以用来找寻模式、辨别规则的做法，并明确是什么让那些吸引我们的作品具有如此的影响力和独特性。

通过这种做法，我们会发现复制品的固有缺点，并有机会以独特的方式来检验更改规则的重要性。我们将会看到，在大多数情况下，过度依赖既定规则是一种失败的策略，它几乎不会产生显著结果。然而，完全忽视被证实的规则而采用大量原创规则的做法同样危险。我们将调查上述情况出现的原因，了解一些最具创新力的人如何利用（而不是违背）受众期望以成功改变规则，并讨论如何将他们的策略应用于自己的工作中。

第二部分是关于将获得的知识转化为自己精通的内容的叙述，也就是我们该如何使用已获得的知识。采用逆向工程的方法分析杰作所需的要素是一回事，有效使用这一知识则是另一回事。

逆向工程中的杰出案例往往让人有不安的感觉：你意识到目标工作与目前拥有的技能之间存在差距。本部分中的章节提供了一个思路来帮你缩小这种"愿景与能力间的差距"，那就是使用一系列基于证据的策略，以帮助你掌握新技能。

我们会了解到，一个简单的记分牌是如何做到加速改变进程的，为什么大多数人对实践的定义过于局限，以及为什么绝大多数反馈是非常不利的。我们会了解到，专家是如何预测未来的（以及这将如何帮助我们成功），寻求反馈的理想时间，以及如何向你希望探索其成功奥秘的专家提出最优问题。我们会发现各种实践机会，它们会在不危及我们的职业生涯以及不损害声誉的情况下，帮助我们扩展技能、提升能力水平。

在这一过程中，我们会提到一些有着离奇经历的有趣人物。我们会讲到一位著名艺术家，他在没有接受过任何正规教育的情况下通过逆向工程思维登上了职业巅峰；我们会讲到一位总统，他的当选是能力糅合的一种证明；我们还会讲到一位畅销书作家，虽然他无法仿效自己的偶像，但是他却创造了一种新的文学流派。

在第二部分中，你会看到一系列基于尖端研究的可行性策略。我们会介绍数十项同行评议的研究，这些研究来自诸多领域，包括神经科学、进化生物学、运动心理学、文学、电影、音乐、营销、商业管理和计算机科学，所有这些都证实了我们可以揭秘那些优异表现，提升自己的技能，并创造出色的作品。

本书的最后，你将获得一项重要的新技能。这项技能可以帮助剖析你所钦佩的案例，找出其背后发挥作用的机制，并用这些知识开创独属于你的集创造性和胜任力于一身的规则。

目录

第一部分

解码卓越背后隐藏的艺术

第二部分

野心与才华之间的鸿沟

第一部分

解码卓越背后
隐藏的艺术

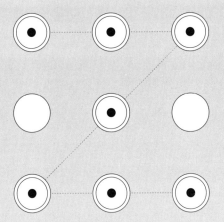

第一章

逆向工程思维与创造力

生活中，人们对如何获得非凡成就、创造卓越有两种主流说法。

一是卓越源于先天才能。这种观点认为，我们生来具有某些能力。处于各领域顶端的人士的成功源于他们能发现自己的才能，并将其与可以有所建树的领域相匹配。

二是卓越源于后天练习。这种观点认为，天赋的助力是有限的，真正重要的是有效的训练和艰苦奋斗的意志。

当然，关于如何成就卓越还有第三种鲜为人知的说法。它关乎获得和掌握技能的路径，在任何领域都很普遍。

它就是逆向工程。

逆向工程越过了事物的表象，能挖掘隐藏于深处的结构框架。它可以揭示如何设计事物，以及如何再造事物。那是一种品尝佳肴而能推断食谱、聆听天籁而能识别和弦、观赏电影而能把握故事脉络的能力。

在文学、艺术以及商业等领域的精英中，拥有这种思维的人比比皆是。如果没有解构别人作品的能力，他们就不能获得成功。

以电影制作人贾德·阿帕图（Judd Apatow）为例。他编写、导演或制作了很多同时代最成功的喜剧，如《王牌播音员》（*Anchorman*）、《伴娘》（*Bridesmaids*）、《四十岁的老处男》（*The 40-Year-Old Virgin*）。阿帕图是如何学会电影制作的？这在于他分析了每一个他崇拜的喜剧演员的成功。

他的秘密武器是一个仅拥有一名听众的电台节目。

早在高中时期，阿帕图就是一名喜剧爱好者，他像别人痴迷摇滚明星一样痴迷喜剧演员。他收藏喜剧专辑，每周观看喜剧表演。夏天的时候，他会在当地喜剧俱乐部洗碗。某次心血来潮，他加入了所在高中的电台，发现了一件稀奇事：电台里的 DJ 可以采访一些极具影响力的乐队。

他深受启发，决定创建自己的电台节目，并用它来获得该领域杰出人士的专业建议。

他后来写道："我给他们的经纪人或公关团队打电话，说我是来自长岛 WKWZ 电台的贾德·阿帕图，我想采访他们的演员。我会故意不说自己只有 15 岁。这些人大部分都在洛杉矶，而且他们也没有意识到我们电台的信号几乎都在停车场。最后我会出现在采访现场，那时，他们才会意识到自己'上当受骗'了。"

这种做法的回报颇丰。在接下来的两年，阿帕图采访了喜剧名人录上的演员杰瑞·宋飞（Jerry Seinfeld）、盖瑞·山德林（Garry Shandling）、约翰·坎迪（John Candy）、桑德拉·伯恩哈德（Sandra Bernhard）、霍华德·斯特恩（Howard Stern）、亨利·扬曼（Henny Youngman）、马丁·肖特（Martin Short）、"怪人艾尔"·扬科维奇（"Weird Al" Yankovic）、杰·雷诺（Jay Leno），采访的内容从如何寻找素材到如何找经纪人以及引起注意的最佳方法等。

通过采访，他了解到喜剧演员从小有成就到名声大噪大概需要 7 年的时间，而且要坚持表演，因为几天不表演他们就会打断自己的成名进程。对于新手喜剧演员来说，最重要的事就是尽可能多地登上舞台，即便只是为了减少怯场心理。

阿帕图的很多录音都没有播。当然，电台并非重点。高中毕业时，阿帕图已经为写笑话、培养技能和创立自己的事业准备好了"蓝图"。

采访偶像是一个发掘他们秘密的有效策略（只要你能提出正确的问题）。在播客迅速发展的今天，邀请专家参与访谈相对容易，你甚至都不需要假装在电台工作。但如果他们不愿意与你对话或者更糟，你要怎么办呢？

不久前，畅销书作家乔·希尔（Joe Hill）在构思新书时就遇到了此类问题。他的创作遇到了阻碍，但他清楚地知道如何调整。为此，他参考了著名犯罪小说家和悬疑大师埃尔默·伦纳德（Elmore Leonard）的作品。

希尔在接受《10分钟作家研讨会》（*10-Minute Writer's Workshop*）的采访时解释说："我把自己正在创作的书抛至一边，花了大约两周的时间去抄写埃尔默的《大反弹》（*The Big Bounce*）。我每天都会翻开这本书，一字一句地抄写前两页，只是为了感受他的写作节奏、写对话的方式，以及用短短几句话揭示人物角色的方式……只用了大约两周的时间，我就找到了创作惊悚小说的节奏和奔放、轻快的感觉。通过研究他的风格，我找回了自己的风格。"

希尔用的正是从他父亲那里学来的方法。6岁时他父亲因为扁桃体炎待在家里，偶然间，他发现了这种方法。那时候，为了打发时间，希尔的父亲开始一幅幅地临摹漫画书中的画。他偶尔会用自己的素材，并在主要情节上进行即兴创作。这次练习对他很有帮助。他的漫画作品虽然不多，但卖出的数量超过了3.5亿册。他就是斯蒂芬·金（Stephen King）。

金和希尔都采用了模仿的方法。这种方法是本杰明·富兰克林（Benjamin Franklin）普及的一种写作技术，文学巨匠 F. 斯科特·菲茨杰拉德（F. Scott Fitzgerald）、杰克·伦敦（Jack London）和亨特·汤普森（Hunter Thompson）都曾使用过。它的具体过程是：先研究一篇优秀文章，然后把它放在一边，根据记忆逐字逐句地重新编写，最后将你完成的版本与原始版本进行比较。

如今，很多我们称为创作天才的画家，他们在自己的职业生涯中都曾花费很大一部分时间进行模仿。克劳德·莫奈（Claude Monet）、巴勃罗·毕加索（Pablo Picasso）、玛丽·卡萨特（Mary Cassatt）、保罗·高更（Paul Gauguin）和保罗·塞尚（Paul Cézanne）都是通过模仿法国画家欧仁·德拉克洛瓦（Eugène Delacroix）的作品来培养自己的技能的。德拉克洛瓦本人也曾花费数年时间去模仿他从小就崇拜的文艺复兴时期的艺术家。即使是那些文艺复兴时期的伟人们——拉斐尔（Raphael）、莱昂纳多·达·芬奇（Leonardo da Vinci）、米开朗琪罗（Michelangelo），他们也会通过模仿其他艺术家的作品来磨炼自己的技能。在许多情况下，他们互相模仿。

模仿之所以如此有效，是因为复刻一件作品不仅可以促使艺术家或作家去回忆原作品的内容，也需要他们仔细注意原作品中体现的组织和风格的倾向。模仿是一种练习，它可以让新手重温作品的创作之旅，并将自己的直觉倾向与大师的选择进行比较。

归根结底，这个过程揭示的是决策模式。艺术家或作家隐藏的秘密一旦被破解，那么它就可以被定义、分析和应用于原创作品的创作。

初窥书籍、歌曲和摄影中的逆向工程思维

模仿是揭示隐藏套路的一种方法，但并不是唯一的方法。另一种在非小说类的作家中很受欢迎的方法是，翻阅一本书末的尾注，参考作者创作时使用的原始资料。这相当于一个人在餐厅享用了一顿美餐，然后突袭厨师的食品储藏室，揭秘厨师使用的食材。

索引同样应该受到重视，因为它可以帮助读者了解作者的想法，有时甚至可以了解他们自己的想法。例如，作家查克·克罗斯特曼（Chuck Klosterman）很享受阅读新书索引的那一刻，因为它揭露了自己的很多想法。他在最近的一本散文集的序言中写道："探究你写的书的索引，就像你仔细阅读自己大脑中的内容。这是你用文字表示出来的思想意识。"

对小说类作品成功模式的探索可以追溯到古希腊时期。在《诗学》（*Poetics*）一书中，亚里士多德（Aristotle）分析了是什么让那些脍炙人口的故事与众不同。在他的众多结论中，有这样一个结论：一个好的故事应该包括由三部分组成的结构（开头、中间和结尾）和对惊喜的巧妙设置，特别是涉及命运反转的剧情转折。

最近，文学巨匠库尔特·冯内古特（Kurt Vonnegut）提出了一种有趣的方法，用来揭示故事的隐藏结构。如果你读了很多小说或看了很多电影，你可能会注意到，大多数叙事类的故事都遵循一个套路：重复少数几个情节。这些情节包括：从贫穷到富有，如《杰克与魔豆》（*Jack and the Beanstalk*）、《洛奇》（*Rocky*）、《雾都孤儿》（*Oliver Twist*）；男女相遇，如《油脂》（*Grease*）、《简·爱》（*Jane Eyre*），大多数浪漫喜剧都是这样的；英雄的历程，如《星球大战》（*Star Wars*）、《狮子王》（*The Lion King*）、《指环王》（*The Lord of the Rings*）。这些故事之所以如此引人入胜就在于它们独特的感情线。例如，典型的白手起家的故事会带领观众体验从消极情感向积极情感过渡。在这类故事中，主人公最开始被忽视、嘲笑和愚弄，然而最后却成为一个值得被认可、欣赏和赞扬的人。

英雄历程中的情感变化与这类故事非常不同。前者的情节通常是，一个普通的人过着普通的生活，然而一次意外却将他推入危险之中，随之而来的就是其如过山车般跌宕起伏的情感变化。主人公跨越一个个障碍，克服种种不可能，并在这个过程中获得技能和信心。

冯内古特认为，世界上最受欢迎的故事（包括那些出现在文学经典和大片中的故事）往往是以下6个轨迹中的一个。

1. 穷人白手起家（上升的感情线）。
2. 富人家道中落（下降的感情线）。
3. 虎口脱险（先降后升）。

4. 伊卡洛斯的坠落❶（先升后降）。

5. 灰姑娘类（先升后降再升）。

6. 俄狄浦斯❷类（先降后升再降）。

　　为了梳理故事的感情线，他推荐了一个简单的练习方法：在图表上（图1-1）画出主人公的命运变化。

---

❶ 伊卡洛斯（希腊文：Ἴκαρος，英文名：Icarus）是希腊神话中代达罗斯的儿子，与代达罗斯使用蜡和羽毛造的双翼逃离克里特岛时，因飞得太高，双翼上的蜡遇到太阳融化了，因此，落水丧生。后来指因傲慢、自以为是而从高空坠落的人。——译者注

❷ 俄狄浦斯（Oedipus 或 Odipus），出自《俄狄浦斯王》，是欧洲文学史上典型的命运悲剧人物。俄狄浦斯是希腊神话中忒拜（Thebe）的国王拉伊俄斯（Laius）和王后约卡斯塔（Jocasta）的儿子。在他出生前，国王听到一个诅咒：他的儿子会杀父娶母。为打破诅咒，他派手下的将军杀死刚出生的俄狄浦斯。将军不忍心，就把他抛弃深山。后来，一位牧羊人救了他，并将他送给另一位国家的国王。俄狄浦斯长大了。也不知哪里传出一个谣言，说他不像国王的孩子，他去阿波罗神殿寻求神的明示，他得到了一个回应，说他要杀父娶母。为避免这种事情，他离开了。他流浪到一个十字路口，碰到一队人马，因为发生争吵，俄狄浦斯就杀了这队人马，而他的生父就是这队人马的首领——他们的国王。因缘巧合之下他回到了他出生的王国，猜出了斯芬克斯的谜语，被推举为国王，娶了刚去世的老国王的王后为妻，也就是他的母亲，并生下了孩子。后来瘟疫暴发，克瑞翁奉俄狄浦斯的命令，去阿波罗神庙祈求神的指示，神说要杀死弑父娶母的人。故事的最后俄狄浦斯知道了真相，他刺瞎了自己的双眼去流浪了，俄狄浦斯离开后，瘟疫也结束了。——译者注

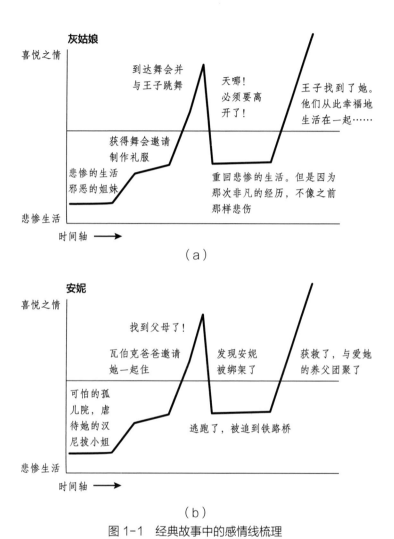

图 1-1 经典故事中的感情线梳理

这个练习富有启发性，它可以用来分析成功的小说和电影。作家也可以将这种方法应用于其作品创作的过程中，从全局的角度审视故事，并准确地找到阻碍或削弱故事感情线的事件。

在冯内古特首次提出他的理论近 70 年后，数据科学家们研究了两个庞大的数据库，囊括了近 2000 本小说和 6000 多个电影剧本，发现了证明其观点的压倒性证据，即大多数故事都遵循这 6 条叙事线中的一条。如今，冯内古特最有名的是他极具启发性的科幻小说。但他对文学更为持久的贡献却可能是他提供给作家们的分析工具。因为这个工具可以帮助作家们剖析欣赏的内容、微调自己的作品。

近年来，人们重新燃起了在小说中寻找成功模式的兴趣。它也一直是音乐家教育的基础。乐器的学习需要积极再现歌曲中的每个音符。新手音乐家可能会从《小星星》（*Twinkle, Twinkle, Little Star*）或《祝你生日快乐》（*Happy Birthday to You*）开始，然后逐渐过渡到演奏路易斯·阿姆斯特朗（Louis Armstrong）、莫扎特（Mozart）或利佐（Lizzo）的曲目。这个过程会促使新手音乐家仔细思考歌曲的旋律、和弦走向和整体编排。

音乐家会对歌曲采取逆向工程的方法进行分析。与相似领域的创作者相比，音乐家对他们努力的成果持有更加开放的态度，参与式的传统（学习方式）可能解释了其中的原因。要想了解一首歌的公开程度，你可以在油管上快速搜索一下；如果一首歌很流行，可能只需点击一下视频，你就会看到这首歌的乐谱和演奏方法。你可以用电子乐器演奏，也可以只使用起居室里的电脑。

以前，如果你想学习一首流行歌曲，你还必须要和一位经验丰富的音乐家交朋友，或者去音乐商店买乐谱。如今，只要是苹果手机上的歌，无论你想找哪一首，一款名为品柱3（Capo 3）的软件都可以立即帮你找到它的和弦、节奏和基调。

音乐家以揭示彼此的技巧而自豪，但他们并不是唯一这样做的。有志的摄影师也会这样做。

大多数人看照片时，关注的都是拍摄对象。但专业摄影师关注的却是不同的内容：阴影。多年的经验教会了他们浏览照片、寻找线索、揭示构图形式。阴影的长度和方向能说明很多问题。它们可以揭示相机的角度和光圈大小，以及拍摄时间。阴影锐利、清晰的边缘表示光源较强，而阴影四散则表示光线较柔和。

这只是开始。经验丰富的摄影师还会寻找反射光线。例如，他们会找到出现在拍摄对象眼睛中的反射光线，以确定光源位置。他们还可以根据照片的前景和背景之间的失真度和对比度来估计拍摄者使用的相机镜头的焦段。这些都是他们在将照片导入图像处理软件中、利用计算机进行更详细的分析之前完成的。

破译美食的奥秘

20世纪80年代末，早在电子邮件出现前，一封匿名信开始在邮箱里出现。有人在信中揭露了菲尔兹夫人巧克力曲奇的秘密配方。据说这封信是由一位愤怒的顾客寄出的。她以 2.5 美元的价格从菲尔兹夫人的一家商店购买了这份食谱，结果信用卡账单显示，她实际上花了 250 美元。她声称，这家店铺拒绝退款。为了报复，她开始四处公开他们的食谱。

令很多家庭厨师失望的是，信中的食谱是假的。然而，这件事激发了托德·威尔伯（Todd Wilbur）从事一份与众不同的职业的想法。

威尔伯是"绝密食谱"（Top Secret Recipe）的策划人。绝密食谱是烹饪界的超级知识产权产品，它包含 10 本畅销书、一个真人秀节目，以及（讽刺的是）一条专门生产调味品和混合香料的生产线。威尔伯被这封假信引起的轰动迷住了。他放下一切去破解这个每个人都在寻找的饼干食谱。他用 3 周的时间把厨房改造成了一个临时的科学实验室。他连续烘焙了数千块饼干，并将每批饼干都与在商店里购买的真正的菲尔兹夫人饼干进行比较。他会详细记录每一次比较的结果，然后根据结果对食谱进行调整，直到破解食谱的奥秘。

威尔伯对这个过程上瘾了。他的下一个目标是麦当劳的巨无霸汉堡，紧随其后的是温蒂汉堡店的麻辣汉堡和女主人牌夹心饼。在过去的 25 年里，威尔伯对数百种快餐食谱进行了逆向工程解构。他的上一本书被标榜为"克隆的乐趣"，这一说法改编自经典烹饪书的书名。

尽管威尔伯的做法可能听起来很极端，但他这种重新创造菜肴的嗜好并不罕见。唯一不同的是，他公布了自己的结果。破译成功的菜肴是厨师寻找灵感、检验知识储备和获得新技能的方式。詹姆斯·比尔德奖（James Beard Award）获得者米歇尔·伯恩斯坦（Michelle Bernstein）的指导思想中就隐含着这样的见解。她向雇用的厨师提供了这样的建议：把你所有余出来的钱都花在外出就餐上。

原因很简单：观察成功的作品会打开你的思路，让你看到新的可能性。

说到研究其他厨师的作品，去餐厅吃饭只是我们的众多选择之一。如今，分析世界各地餐馆的菜单、发现厨师展示技艺的视频、研究满意的食客在网上发布的照片，都变得格外容易。

只有遇到不同寻常或颇具启发性的菜肴时，事情才真正变得有趣起来。这正是具有探索欲的厨师变成私家侦探兼化学研究员的时候。他们的第一个任务是什么？揭秘一道菜的食材。

新手厨师可能会从上网搜索相关食谱开始，然后比较一系列制作方法，最终找出相同的食材。然而，有经验的厨师则会利用他们丰富的经验，用味觉来猜测食材。

接下来就是假设检验。自己的猜测正确吗？第一个确认机会就是开玩笑般询问餐厅的服务员。一名秘密探访的厨师可能会开玩笑地问道："我觉得那是姜味，对吗？"或者更好点的说法是："你敢打赌吗？我很肯定我尝出了百里香的味道，但我丈夫认为那是龙蒿。你觉得谁的味觉更灵敏？"

另一种策略是点一道菜打包带走。在家里，厨师可以分解菜肴，找到基本成分。这个过程可能包括把菜汤倒进一个白色盘子里来比对食材，用镊子和放大镜观察其成分，品尝和猜测制作的每一步。

当厨师对别人的菜肴采用逆向工程思维分析时，他们在寻找什么？这不是简单的克隆食谱。毕竟，没有一个有自尊的厨师会故意抄袭别人的作品，并试图冒充是自己的。他们寻找的是可以用于制作其他菜肴、丰富自己的菜单的新技巧和潜在模式。

眼光敏锐的厨师会发现对比的重要性。令人难忘的菜肴很少会采用单一味道，它们通常会是两个或以上不同特点的结合，这会给味觉带来惊喜，需要用餐者更仔细地品味。这些对比可以表现为软而脆（绿豆泥配葵花籽）、甜而辣（烤鸡翅）、暗而亮（切碎的欧芹和红胡椒撒在炙热的牛排上），甚至是冷热相配（在苹果脆片上加香草冰激凌）。

另外重要的是：自然、完美地把某些味道融合在一起。在音乐中，歌曲以音符间的相互组合为基础。这些音符间的相互组合就是和弦。某些音符被放在一起演奏时，会协调一致，给人带来愉悦体验。制作食物也有相似的说法：

- 罗勒（调味品）＋马苏里拉奶酪＋西红柿

- 大蒜＋生姜＋酱油

- 椰子＋薄荷＋辣椒

每种组合都代表着一种独特的"味道和弦"。美食作家凯伦·佩奇（Karen Page）用这一说法来描述在一系列菜肴中一次又一次出现的组合。通过准确定位菜肴的核心味道组合，厨师们可以改善他们的菜谱，发现新做法。

厨师大卫·张（David Chang）在他的烹饪生涯早期发现了一种模式，他利用这一模式建立了一个烹饪帝国。张是詹姆斯·比尔德奖的获奖厨师，也是福桃公司（Momofuku）的创始人。福桃公司的发展蒸蒸日上，在全球拥有40多家餐厅。他将这种模式称为"美味统觉"。

他最近在《连线》（Wired）杂志上评论道："当人们品尝到令其惊叹的食物时，他们不仅会对面前的菜肴做出反应，还会回想到生命中的一段时光……要做到这一点，最简单的方法就是制作人们吃过很多次的东西。不过，烹饪一些看起来陌生的食物可以更强烈地唤起这些味道的记忆。"

张的观点是，尝到年轻时品尝过却被遗忘的味道会强烈地唤起人们的情绪，特别是他们不知道这种味道来自哪里的时候。根据这一观点，制作引起共鸣菜肴的秘诀不仅仅是提供美味的食物，还包括在最意想不到的时候唤起人们的童年记忆。❶

---

❶ 怀旧情绪研究者认为，张利用的是安慰性食物的力量。安慰性食物确实能让人们产生积极情绪，减轻他们的压力，这不仅仅是因为它们（通常）富含脂肪，还因为它们可以让人们隐约想起幼时的亲密关系，特别是那时为我们做饭的亲人。

张的方法是在一种烹饪传统中寻找能引起共鸣的味道组合，然后将其用于陌生的菜品中。以福桃公司的猪肉包子为例，这道美食被直接放在了纽约美食中心。它的做法很简单，只有几种配料——馒头、肥肉和腌制的脆脆的黄瓜。对于挑食的人来说，这看起来很奇怪（不寻常的颜色和奇怪的材料混在一起）。直到他们终于鼓起勇气尝试了第一口。张敢打赌，他们会觉得很好吃。显然，他希望唤起人们关于美国经典美食——BLT❶的记忆。

这种寻找潜在模式的做法（比如福桃公司的成功）并不局限于餐饮行业和艺术界。不只作家、画家、音乐家、摄影师和厨师会为了寻找成功的方法而去分析他人的作品，成功的企业家也会这么做。

如何对价值 10 亿美元的企业进行逆向工程解构

是什么让著名企业家杰夫·贝佐斯、马克·库班（Mark Cuban）和理查德·布兰森（Richard Branson）区别于他人的？

研究表明，这不仅是因为他们的创造力、智商和意志力，成功的企业家还擅长另一件事：模式识别。他们拥有一

---

❶ BLT 是 "bacon"、"lettuce" 和 "tomato" 3 个单词的缩写，指的是培根、生菜和番茄。这是制作经典美式三明治的材料。——译者注

种非凡的能力，那就是将过去观察到的成功经验与现在市场上发生的变化联系起来，找出有利可图的机会。

提到企业家，我们通常会想到创造性的解决方案、新颖的想法，以及独创性。事实证明，这种想法是错误的。研究表明，新手创业者更注重新异性。有经验的企业家，那些领导成功企业几十年，并且隔几年就进行营利性投资的企业家，注重的是完全不同的东西：可行性。

当你边喝酒边向几个好友推销新的商业想法时，他们的热情程度可能取决于你想法的独创性。然而经验丰富的企业家在思考相同的想法时，他们反而会关注客户需求、生产和供应的保障以及预计的现金流量。

几十年的经验告诉他们，成功的企业会符合一种模式。有几个关键因素通常可以预测一家企业是否会蓬勃发展。这些模式在其他营利性公司的商业模式中表现得最为明显。

一位眼光敏锐的企业家可以推断出什么模式呢？前提是，成功的商业策略几乎适用于各个行业。

20 世纪 70 年代，旧金山的厨师史蒂夫·埃尔斯（Steve Ells）正考虑创办一家餐厅，但他知道自己在这里获得成功的机会微乎其微。旧金山湾区到处都是墨西哥餐厅，竞争激烈。因此，他决定在一个墨西哥餐厅相对较少的地方开一家新餐厅，这个地方就是丹佛，店名是红辣椒。

埃尔斯并没有打算创办一家企业。他只是想开一家收入可以支付房租的餐厅。但当他的第一家餐厅建成时，它的潜力就显现出来了。

埃尔斯的故事之所以如此引人入胜，是因为他的餐厅的成功很大程度上可以归功于一个简单的决定：选择在一个地区很受欢迎的产品，然后将其引入新地区。这种方法不仅仅适用于墨西哥餐厅。

通过寻找蕴藏于红辣椒等案例中的商业策略，经验丰富的企业家们会在心里建立一个成功案例的数据库。这使他们能够在机会出现时发现机会。

以下是红辣椒餐厅的案例可能带给一位具有前瞻性思维的企业家的诸多启发。

商业蓝图

将经过验证的产品推向新市场。

可实施的内容：

- 哪些在我周围很受欢迎的菜肴、饮料或甜点可以被引入其他地区？

- 哪些在我周围很受欢迎的实体产品可以被引入其他地区？

- 哪些在我周围很受欢迎的服务可以被引入其他地区？

这个做法当然可以反过来进行：

- 我可以在附近介绍哪些在其他地区受欢迎的菜

肴、饮料或甜点？

- 我可以在附近介绍哪些在其他地区受欢迎的实体产品？

- 我可以在附近介绍哪些在其他地区受欢迎的服务？

红辣椒是通过这种方法而实现飞速发展的连锁店之一。另一家是星巴克（Starbucks）。

在 20 世纪 80 年代，星巴克只有几家向内行人士出售咖啡豆的店铺。一天，星巴克新聘的市场总监、前施乐销售员霍华德·舒尔茨（Howard Schultz）访问米兰时，无意间碰到了一家胶囊咖啡吧。舒尔茨被吸引了。美国没有这样的店铺。美国人已经习惯了没有味道的超市咖啡和那些被美化了的咖啡店。咖啡馆文化能在西雅图兴起吗？

然而，星巴克的领导层对此并不感兴趣。他们坚决不做服务业。但舒尔茨非常坚持。最终，公司首席执行官允许他进行试点。结果，试点的效果非常好。咖啡店很受欢迎，但公司创始人们仍然反对舒尔茨增加店铺数量的计划。

舒尔茨不情愿地离开了公司，并开了自己的胶囊咖啡吧。他最初的尝试揭示了他的商业模式在多大程度上依赖于在西雅图再造（或移植）其在意大利的体验。舒尔茨的咖啡店以米兰一家意大利报纸的名字命名，意为天天咖啡。店里的咖啡师身穿白色衬衫，打着领结，扬声器播放着歌剧音乐，菜单上写满了意大利语。几年后，当舒尔茨的老东家准备出售咖啡豆业务时，舒尔茨已经有足够的资金进行收购。他合并了这两家公司并以星巴克命名新公司。

在观察者看来，企业家们像是天才。他们有很多想法，而且似乎拥有一种神奇的能力，那就是他们可以根据需要产生商业想法。然而，只要你开始循着套路思考，你就会发现商机无处不在。

药品和汽车背后的逆向工程

并不是所有逆向工程的尝试都温和，有时候，人们会面临更大的风险。在某些行业中，逆向工程涉及生死攸关的大事。

今天，我们购买的 90% 以上的药物是仿制药。它们仿制的是大公司的专利配方。仿制药给我们提供了非常多的益处。

大多数消费者认为，一种药物的专利到期后，其配方就会被公开，从而使其他制药公司能够仿制。但这种情况很少发生。大多数情况下，制药公司会大量进行法律和监管方面的斗争，阻止仿制药的上市。仿制药很少会采用既定配方生产。它们通常是运用一系列复杂的实验方法研发出来的，这个过程统称为"去配方"。之所以这么叫，是因为科学家们需要将药片或药丸从成品分解为单独的化学成分。

去配方不需要几十年的教育，也不需要昂贵的实验室。只要有互联网和信用卡，任何人都可以使用，这要归功于许多专业实验室。这些实验室号称拥有多年的解构经验，而且解构的内容不止药物。他们准备推出一系列不同种类的产品解构服务，从高端化妆品、洗发水和香水到油漆、黏合剂和洗衣粉，应有尽有。

费用是多少？约两千美元。

几十年前，拆解一个成功的产品、确定其成分，然后精准地制作出仿制品，需要投入大量的时间和资金。但现在不是了。虽然一些制造商可能会抱怨他们的发明可以被轻而易举地复制，但另一些制造商持的态度更加开明。

以汽车行业为例，逆向工程在这一行业一直发挥着关键作用。1933 年，拆卸了一辆新款雪佛兰（Chevrolet）汽车之后，丰田喜一郎（Kiichiro Toyoda）说服家人向外拓展业务，从制造织布机拓展到其他领域，并确立了一个汽车研发计划。3 年后，他们制造出自己的第一辆汽车，并将公司改名为丰田。至此，丰田公司正式出现在了公众视野中。

近一个世纪后，丰田曾经特立独行的做法如今已经成为标准做法了。汽车制造商会按照惯例仔细分析竞争对手的每一辆车，只是他们不把这一过程称为逆向工程。他们称之为"竞争标杆方法"。

值得汽车行业特别注意的，不仅仅是所有主流汽车制造商都曾对竞争对手进行过逆向工程解构，或者公开承认正在进行逆向工程解构。事实上，近年来，汽车制造商已经开始集体分享竞争情报中的生产成本信息，甚至包括对自己产品的见解。

这些信息的整理是由一家名为安询达（A2Mac1）的法国公司提供的。1997 年，一对痴迷于汽车的兄弟创立了安询达公司。这家公司专职拆解汽车，并以订阅服务的形式出售汽车报告。他们拥有类似于奈飞（Netflix）的数据库，该数据库包括 600 多个汽车的拆解信息和每个部件的详细分析，甚至包括每个螺栓的重量、形状和制造商。安询达公司甚至允许用户对单个汽车部件进行实物检查。最近，他们还开始使用 3D 技术扫描汽车部件，这样客户就可以使用虚拟现实眼镜远程查看。

如果你想知道为什么汽车质量在过去 20 年里变得如此可靠，安询达公司应该得到表扬。❶ 安询达公司让汽车制造商间的相互学习变得更容易，因此，整个行业的表现在短时间内得到了显著提升。汽车业并没有对逆向工程不屑一顾，也没有否认它的发生，而是开始意识到，共享信息的获取途径实际上可以为整个行业带来极大的利益。

---

❶ 在过去 10 年，车龄为 10 年的汽车的平均价格上涨了 75%。然而，在同一时期，全新汽车的平均价格仅上涨了 25%。旧车的保值时间变得更长了。

对创造力的错误看法

筛选和分析别人的作品源于一种信念，即创造力需要原创性。从事创新的人士对模仿和抄袭的指控很敏感。这也是为什么一些人总会有合理的担忧，无论他们的目的多么无害，仔细研究他人作品都会影响他们的方法。

这些观点代表了对创造力的错误看法。它们反映了一种既不现实又适得其反的理想主义的僵化。

首先，创造力不是孤立的，而是思想的融合。我们接触到新想法、新观点的时候，就是我们的创造力最强的时候。这就是为什么丰富的经验是创造力最好的先决因素之一。那些积极探索新奇事物、拥有好奇心、敢于尝试的人，远比那些与世隔绝的人更富有创造力。

其次，原创性与创造力不是一回事。那些引入新概念的人常常会受困于特定的思维方式，致使他们无法识别"原创"想法在应用方面的重要性和新颖性。商场中的"先驱"被更有斗志、更具创造力的对手打败的例子比比皆是。掌上电脑（PalmPilot）、雅达利（Atari）、阿尔塔维斯塔（Alta Vista）、友人（Friendster）和美国在线（America Online）的创立者都会毫不犹豫地承认，第一不等同于最好。

最后，逆向工程不但没有减弱我们的创造力，反而会让我们获得新技能，帮助我们以全新的方式发挥创造力。这点很重要，特别是考虑到现在大多数行业的发展速度。如果你能够在一个周末对世界上最成功的博客进行逆向工程解构，并在下周一早上推出一个吸引人的新博客，并在博客中将你确定的最佳方法与专业领域相结合，那你将有效扩大你的创新能力和范围。

简单地说，逆向工程的替代物不是原创性。它依靠的是智力盲点❶。

可以肯定的是，有些人滥用了本书中介绍的方法。有些公司的商业模式只是复制别人成功的产品，然后低价出售给客户，而且有的国家很少去关心其他国家的知识产权。

但我们把重点放在这上面是偏题的，没有切中要害。如同寄生虫般的模仿者的存在并不能否定逆向工程的价值。

大多数专业人士对复制已有产品不感兴趣。他们追求的是更重要、更有价值的东西，一种经过验证的方法。这种方法可以应用于新条件，并以新的方式发挥作用。

虽然我们有理由推测，研究蕴含在我们欣赏的作品中的规律可能会扼杀我们的创造力，但事实恰好相反。

模仿如何让你更具原创性

想象一下，一天晚上喝酒的时候，一位朋友邀请你去参

---

❶ 智力盲点反映的是我们已经形成的某些支配着我们如何行事和看待事物的模式，它是我们在过去的知识和经验的基础上形成的某些先入为主的观念。——译者注

加一个在周末举办的绘画班。你不是很有艺术天赋，但你喜欢这个朋友，并且你可以以此作为消遣。不知不觉中，你脱口而出："有何不可？"

在画室里，你和你的朋友被分在不同的小组。就在你要反对的时候，指导老师补充道，本周末结束时，每组完成的作品都将由专业艺术家进行评价，"我们要找出谁更有创意！"你和朋友都很想赢。

指导老师没告诉你们的是，你和你的朋友将要接受不同的训练，而这一点你直到周末结束才会发现。你收到的指示是要连着 3 天不停地画目标物体，你朋友所在的小组收到了类似的指示，但有一个重要的不同点：他们除了要画目标物体，在培训的第二天还受邀模仿一幅专业的作品。

所以，问题来了：在绘画班的最后一天，你们中的哪一个更可能创作出有创造力的作品？是整个周末都在进行创作的你？还是除了创作自己的作品外，还停下来模仿一位知名艺术家的作品，然后继续创作自己的作品的你的朋友？

这正是 2017 年发表在《认知科学》（Cognitive Science）上的一篇引人入胜的论文的核心问题。东京大学的创造力专家冈田武史（Takeshi Okada）和石桥健太郎（Kentaro Ishibashi）进行了一系列实验，其中就包括类似于此的为期 3 天的实验。他们的发现向我们大多数人思考创造力的方式提出了严峻的挑战。

模仿画家的作品不仅引发了更多具有创造性的作品，而且还激发了与模仿的作品无关的想法。换句话说，模仿提供了一种好奇与开放并存的思维模式，推动人们朝着新的、意想不到的方向进行创作。

让我们在这里暂停，并承认一个显而易见的事实：模仿现有作品会带来更多具有创造力的想法，这与我们内心的直觉截然不同。毕竟，模仿难道不是原创的对立面吗？研究人员是如何解释这一发现的？他们如何区分模仿作品和受启发而产生的作品？

模仿一件作品在短期内不会带来创造力。真正的奇迹发生在这之后。模仿的过程（仔细分析一件特定的作品，拆分关键部分，然后重新构建它）是一种具有变革性的脑力练习，会给我们的思维带来奇迹。

与被动欣赏一件作品时获得的体验不同，模仿需要全身心地投入，它会推动我们去琢磨细微之处的细节和意想不到的技巧。模仿也会迫使我们思考艺术家的决定，并对常被忽视的机会保持敏感。在这个过程中，模仿向我们默认的方法发出了挑战。它向我们展现了新的思维方式，促使我们在工作中发现创造的机会。

相比之下，向内寻找创造性想法的做法很少能帮助我们走得更远。研究表明，避免外在影响，只专注于自己的工作，会使我们的创造力随着时间的推移而降低。心理学家有很多术语可以解释由于长时间盯着一个问题而产生的认知陷阱，比如定势效应、心理定式、功能固着，这些都可以用一句简单的话来概括：孤立地工作是有代价的。我们常常发现自己不可避免地在思考少数选择，一遍又一遍地重复陈旧想法，或者采用曾经有效的、熟悉的解决方案。

更糟糕的是，随着时间的推移，我们陷入了一种"什么是好的解决方案"的不成文假设中，成为它的牺牲品，这会进一步限制我们的思维。我们在脑海中反复思考问题的时间越长，我们就越不可能灵机一动，实现真正的创新。

模仿非但没有让我们变成剽窃者，反而打破了"魔咒"。它质疑我们的假设，削弱我们的认知限制，为我们打开新视野。是的，分析我们欣赏的作品不会削弱我们的创造力。相反，它是打破隐藏的思维障碍的重要工具。

那么我们该怎么做呢？从你最喜欢的博客到竞争对手的网站，再到一部奥斯卡的获奖影片，你该如何分析你欣赏的作品，从中找到它的规律，释放自己的创造力？有没有可靠的方法来分析我们想要模仿的作品？

或许更重要的问题是：我们是否能对逆向工程的具体实践采用逆向工程方式进行分析？

第二章

算法思维

　　艾丽莎·内森（Alyssa Nathan）遇到乔什·亚诺弗（Josh Yanover）时，只有 22 岁。

　　他们腼腆地互发了几条短信。他暗示她出去约会。第一次约会时，他们参观了一家绘画和葡萄酒工作室。一切都很顺利。过了一段时间，她注意到工作室已经没有人了，员工们正在打扫卫生。她问其中一名员工，他们是否准备关门了。"亲爱的，我们已经关门 45 分钟了。"员工回答道。

　　虽然已经很晚了，但他们还没准备结束约会。他们去了乔什很喜欢去的一家比萨店，在那里他们分享了美味的蘑菇片并且有了初吻。那是一次完美的约会。在一起不到两年后，他们就准备共度余生了，并敲定了婚礼计划。

　　艾丽莎和乔什将他们的成功结合归功于一种算法。他们是在世界上最受欢迎的约会软件 Tinder（国外的一款手机交友软件）上认识的。

不久前，在网站上寻找恋人的想法还被认为不切实际。如今，这个污名已经消失了。研究表明，现在近 40% 的浪漫关系都是从网上开始的，而且网上的成功率通常比线下要高得多。换句话说，他们更有可能经历艾丽莎和乔什那般引人入胜的故事。

在线约会软件在配对方面如此有效的一个原因是，它们可以利用机器学习算法来识别人们未言明的偏好，甚至他们可能都没有意识到自己有这种偏好。每当像艾丽莎这样的用户向右滑动图片或在图片上停留，或点开个人资料或回复信息时，Tinder 的算法都会注意到。这些行为间接表现出了个人兴趣。然后，算法就会收集艾丽莎曾经花费时间和精力关注过的男性的资料，分析他们的共同特征。他们是高还是矮？平均年龄是多少？个人资料是否显示出他们的性格？他们是外向、爱冒险，还是好学、害羞？

Tinder 的算法正在找寻一个秘诀，一种能准确捕捉艾丽莎理想男性特征的秘诀。算法对艾丽莎偏好的识别越准确，就越能有效地向她推荐她认为有吸引力的追求者，她找到"真命天子"的机会就越大。

近年来，算法彻底改变了许多行业，这在很大程度上取决于它们能够快速识别模式。算法对上千的点击量和浏览量（鼠标滚过或划过的信息）进行提取，找到规律，然后用它预测用户未来行为的能力，对商业、科技甚至人们的爱情都有着深远的影响。

这个过程与逆向工程也有明显的相似之处。将那些非同凡响的故事、交响乐或照片转化为成功的秘诀，同样需要向外扩展。它需要我们后退并反思，推断模式，找出规律。

识别能力是我们得以存活的必要条件之一。在人类历史进程中，我们的祖先正是依靠识别事物的发展模式来进行预测的，包括哪里可以找到食物、什么颜色的植物可能有毒，以及什么时候在草原上散步安全。为了在危险的环境中生存，人们必须能够读懂所处的环境，并能推断接下来会发生什么。尽管在现代社会，识别能力可能不关乎生死攸关的大事，但心理学家认为，识别能力持续影响着预测能否成功，并已成为高智商的一个核心要素。

然而，正如许多计算机科学家所注意到的，由于技术不断进步，现如今，我们已经达到了计算机的识别能力远超人类的地步。

这引发了一些耐人寻味的问题：究竟是什么让算法如此擅长识别？在提高逆向工程的能力方面，它们能教会我们什么？

答案很简单：很多。

让我们从基础知识开始。算法的模式识别引擎有 4 个主要部分。

第一是数据收集。在开始预测艾丽莎觉得哪种男性有吸引力前，算法需要她喜欢的和不喜欢的男性的例子。这两种例子，算法可以从她对几位男性的个人资料的反应中得到。

第二是分析案例，找出重要的不同之处。在这些人的不同特点中，哪些可能会影响到艾丽莎的决定？显然，一些身体方面的特征，比如男性的年龄、体重和身高会对她的选择有影响。他们个人资料的质量也会有影响，比如发布照片的数量、个人简介的长度以及他们的描述所表现出的性格类型。算法在这一阶段中找到的不同越多，就越可能找到能引起艾丽莎兴趣的因素。

第三是寻找相似之处。艾丽莎认为的有吸引力的男性之间有什么共同之处？他们有哪些共同特点？那些被艾丽莎拒绝的男性呢？他们与她喜欢的人之间有何不同？通过比较这两组人的特征（被选中的男性和被拒绝的男性），约会软件开始运行它的算法，识别出影响艾丽莎决定的因素。

第四是根据其分析结果，预测艾丽莎感兴趣的男性。推荐给艾丽莎的男性正是从这一步开始更加具有吸引力、更符合她喜欢的类型。艾丽莎浏览得越多，算法运行得就越好，就越能根据艾丽莎的反馈来完善预测结果、提高性能。

让你最爱的菜品富有诱惑力的隐藏配方

人类在有限变量的情况下能够很好地识别事物。但是，当变量的复杂性超过一定程度后，人们的表现就会变差。我们正是在这一点败给了计算机算法。它们有能力评估一个庞大的特征数据库，有能力同时分析多个因素，并在有新数据时实时更新预测结果。它们也不会受到阻止我们进行非常规预测的无意识期望和社会压力的影响。

这些优势叠加起来的一个简单示例就是国际机器商业公司颠覆烹饪界的方式。该公司开发了一款机器学习程序，并以公司第一任首席执行官托马斯·J.沃森（Thomas J. Watson）的名字命名。他们称这款程序为"沃森厨师"（Chef Watson）。不久前，该公司的程序员向这个程序提供了两类信息：一类是关于人们认为令人愉悦的食物的研究结果（这一领域被称为享乐主义心理物理学，另一类是完整的食谱历史档案）。他们运行这个程序处理数据，并让程序根据检测到的信息提供新食谱。

结果非常值得关注。这不仅是因为"沃森厨师"给出了富有创新性的食物组合，还因为它解锁了烹饪的隐藏规律。

当我们想到一道成功的菜肴时，我们往往只关注一个因素：味道。沃森的分析表明，人们无法抗拒一道菜不是因为味觉，而是因为嗅觉。事实证明，烤鸡或美味的龙虾汤的气味会激活鼻子和喉咙的感受器，在我们吃下第一口前在血液中释放大量让人感到快乐的内啡肽，并以我们不曾注意到的方式激发愉悦心情。

从"沃森厨师"的发现中获得的第二个结论更有价值，特别是对于那些既擅长切菜又擅长处理数据的厨师来说，它就是：香气的核心是数学。

实际上，你要做的就是启动 Excel（电子表格软件），分析食谱中的食材。每种食材都含有某些使其具有独特香味的化学物质。这些物质被称为芳香族化合物。"沃森厨师"的分析表明，那些赢得奖项和好评的食谱中存在一种隐藏模式：它们的食材中含有许多相同的芳香族化合物。

算法会揭开事物的表面并发现其隐藏结构，这使得"沃森厨师"能够解释为什么某些食物会大受欢迎。以比萨为例，根据国际机器商业公司的计算，西红柿、马苏里拉奶酪、帕尔马干酪和烤小麦共有 100 多种不同的芳香化合物，这让人类的味蕾几乎无法抵抗比萨的味道。

沃森也可以用这些结论来创造新的、复杂的和具有启发性的食谱，而传统厨师永远不会考虑这样做。这些食谱中最有吸引力的推荐包括：烤芦笋配黑巧克力，烤鸭配西红柿、橄榄和樱桃，鸡肉串配草莓、苹果和蘑菇。

显然，如果没有功能强大的计算机，即使是最有野心的烹饪专家也很难得出"沃森厨师"揭示的内容。然而，我们可以从 Tinder 和国际机器商业公司的算法所使用的编程方法中学到很多，特别是涉及逆向工程时。

让我们更近距离地看看这些算法是如何运行的吧，首先从第一步开始：收集范例。

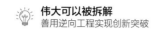
为什么需要一座私人博物馆

值得注意的是，为找寻模式而设计的计算机程序做的第一件事不是分析，而是收集。这与许多作家、音乐家和设计师们对自己的看法一致：他们不是工匠，而是收藏家。他们疯狂地收集大量范例，像厨师搜寻食材一样囤积有影响力的作品。

历史告诉我们，许多表现优异的人在踏入并主宰他们所在的领域之前，都必然会收集自己欣赏的作品。安迪·沃霍尔（Andy Warhol）会收集艺术品，大卫·鲍伊（David Bowie）会收集唱片，朱莉娅·蔡尔德（Julia Child）会收集烹饪的书籍。导演昆汀·塔伦蒂诺（Quentin Tarantino）会花大量时间去看电影，以至于当地的音像店聘请他为常驻电影专家，为顾客提供建议。这不仅能让他在白天看更多的电影，还能让他赚到钱。欧内斯特·海明威（Ernest Hemingway）到去世时已经拥有9000多本书，在这之前他每年以近200本的速度收藏书籍。这表明索尔·贝娄（Saul Bellow）的话可能是对的，他说："作家是被模仿吸引的读者。"

为什么收集范例如此重要？因为取得成就的第一步是认可他人的成就。

对于许多名人来说，通向成功的旅程始于对模仿杰出作品的渴望。随着时间的推移，这种倾向提高了他们的鉴赏能力，并让他们对自己喜欢的元素和鄙视的习俗变得敏感。这就像算法通过实时接受新信息而不断改进一样，收集范例在个体的职业生涯中往往发挥着核心作用。例如，小说家汤姆·佩罗塔（Tom Perrotta）已经写作超过 25 年了，但直到今天，他仍将不断地阅读视为写作流畅的关键要素。他说："如果你没有不断地阅读，那么我猜你不是作家。这不是批评，而是一块试金石。"

沉浸于实例中会以我们不曾料到的方式促进技能的培养。它会让我们在无意中吸收一个领域的传统。研究表明，仅是收集有隐藏结构的例子就会让你发现它们的模式，即使你没打算从它们身上学到东西。认知心理学家将这一过程称为内隐学习。如果你曾对奈飞电视剧前几集的独特性感兴趣，但却在一季结束时厌烦了它的格式化和可预测性，那么内隐学习很可能发挥了作用。

它还拓宽了我们关于可能性的概念。我们常常被教导，要想掌握技能，先要做一件事，那就是练习。如果你想掌握专业知识，那么你就需要明确的目标、即时的反馈和大量的重复。这里有一个明显的问题：你不可能练习一个从未思考过的想法。最好的想法并非源于几个小时的独立练习，而是静静地藏在大师的作品中等待着被发现。

大量的例子说明了不同作品的独特贡献。比如，大多数小说家都知道，很少有人能同时擅长情节、对话、人物发展、故事背景、情感基调和遣词造句。几十年来筛选作品的经验告诉他们，不同的作家擅长不同的内容。这种意识使他们能够以创新的方式融合不同作品，在完善自己作品的同时想起特定的原型。

仔细挑选并区分那些你认为有吸引力的例子还有另一个好处，即例子的数量越多，越容易找到模式。你欣赏、研究和剖析的杰出作品越多，你就越容易发现潜在线索。

如何像开拓性创新者一样思考

收集范例之后，你应该做些什么呢？找到你认为具有感染力和共鸣的作品之后，你要怎么做才能弄清楚是什么让它们如此令人着迷的？

在这一点上，模式识别算法进行了一系列分析。他们从寻找例子间的不同要素开始，揭开了让"成功"的例子独一无二的关键特征。

我们人类模式探测的演化形式包括一种许多人儿时都喜欢玩的游戏。这个游戏就叫"找不同"。儿童版本的游戏会并排展示两张相似的图片，玩家需要仔细观察这些图片，找出差异。

这样的方法同样适用于揭示我们欣赏的作品中的模式。

假设你浏览了一个网站，这个网站的内容出自某位你有印象的健康专家。网站的登录页面新颖迷人，立刻就能吸引你。在你即将注册领取免费赠品之时，你顿住了。"我通常不订阅这样的信息,"你心里想,"我究竟为什么会被这个网站吸引?"

一般的访问者可能会耸耸肩,然后继续一天的生活。但是,你可以问一系列具体问题,就像找不同那样。

第一个也是最明显的问题是:"这个登录页面与其他健康专家的登录页面有什么不同?"

这个问题也可以变成以下几个问题:

- 是什么让这个页面变得有吸引力?
- 我能从中学到什么?
- 如何将这一点应用在我正在进行的工作中?

总而言之,提出确切的问题远不如遇到一个吸人眼球的例子,你可以停下来尽全力分析它有效的原因。

已故哈佛商学院教授克莱顿·克里斯坦森(Clayton Christensen)曾花费数十年时间分析普通经理与埃隆·马斯克(Elon Musk)、里德·黑斯廷斯(Reed Hastings)和杰夫·贝佐斯等开拓性创新者间的差异。他发现的内容非常有趣。克里斯坦森的研究发现,普通经理和创新者拥有极为相似的性格。创新者并不比普通经理聪明,普通经理的风险容忍度也不比创新者差。二者之间的区别不在于他们的性格,而在于行为。

这两个群体在一种行为上的差距极为显著:质疑。与普通经理相比，创新者更倾向于顺从自己的好奇心。这是一个标志性的特征，是创新思维的主要指标。创新者质疑；普通经理服从。创新者会提出重点问题（"这里真正的问题是什么？"），假设情景（"如果我们不再接受资金会发生什么？"），更重要的是，他们试图揭露事情的根本原因（"是什么导致客户出现这种行为的？"）。

在这里，我们可以得到这样一个经验教训：花时间思考让一份作品成功的因素绝不是琐碎、没有成效或毫无意义的事。如果你想提升自己的表现，质疑是你能做的最重要的工作之一。

另一种可以帮你找到差异的方法是，运用多媒体深入研究一部作品。如果你找不到一位作者的写作秘诀，那么你可以尝试从他们的有声读物中寻找线索。作家给作品的配音可以透露出他们在写作时在脑海中想象的声音。他们说话的韵律和节奏可以传达出有价值的想法，某些词的词性变化也可以揭示作者的意图。

将文本转化为音频是一种策略。将音频转换为文本同样有用。如果你很钦佩一位演讲者，那就录下他的演讲并将其转录成文本。如果你想仔细研究一部电视剧或电影，那就买下它的剧本（或者雇一位编剧为你写一部）。如果你是一名音乐家，那就把一首歌转换成乐谱。你拥有的样例越多，你就越可能找到使其突出的关键特征。

有时，无论你多么努力地分析一个例子引起共鸣的原因，但就是什么都找不到。幸运的是，我们还可以借助许多额外的技术来寻找不同和发现重要变化。它们都源于一种简单的策略。这种策略提示我们要采取一个可以揭示隐藏结构的有利视角。许多结构，只有我们后退一步时，才会显现。

这叫作缩放（zooming out）。

如何做出成功的方案

20 世纪 50 年代初，一份礼物彻底改变了职业橄榄球。

礼物的收件人是惠灵顿·马拉（Wellington Mara），一名老兵，曾担任过美国国家橄榄球联盟纽约巨人队（National Football League's New York Giants）的球队秘书。马拉的父母送给他一个礼物：宝丽来相机。即时成像技术在那时候刚刚亮相，马拉立刻被这个新奇玩意儿迷住了，忍不住把它带去上班。

他向他的一位同事，球队的助理教练文斯·隆巴迪，展示了这个新东西。

隆巴迪想到了一个主意。他把马拉拉到一边，提出了合作。

从那天开始，巨人队在扬基体育场（Yankee Stadium）的每一场主场比赛，马拉都会出现在上层的观众席中，与球迷融为一体。在开球前，他会偷偷拍下对方球队的阵型，并把照片塞进一只有重量的袜子里，然后耐心等待接下来的比赛。一旦球迷被场上的动作分散了注意力，他就会把袜子扔向巨人队的替补席。事实证明，这份情报是无价的。马拉的照片为巨人队带来了史无前例的连胜，让他们在接下来 8 年中的 6 年进入了总决赛。

如今，世界各地的职业橄榄球队都会依赖大量的航拍图像。这些图像在比赛后的几秒内就会传送到平板电脑上，我们会发现教练和球员在整场比赛中都在认真地研究它们。球场中央的人看不见广角镜头传达的信息。在对手后退回防、拉开距离、留心球场的整体情况时，没什么能比航拍图像更快地暴露出一支球队的计划。

这个方法同样也适用于发现我们欣赏的作品的内在结构。缩放到极致往往是发现近距离无法识别的模式的关键步骤。

在实际应用上，缩放意味着什么？写作中的一个例子就完美应用了这种方法。这就是所谓的反向式提纲。如果你上过中学写作课，你可能会记得写作前必须要列提纲。列提纲是提前规划论文的过程，你需要在提纲中列出文章各个部分打算讨论的主要观点。

反向式提纲与传统提纲相似，但比传统提纲更隐秘、更具启发性。它不需要你列出打算写的重要论点，而是需要你反着来，列出一篇完整的论文中包含的主要观点。

大学生需要学会列反向式提纲，并以此作为检查论文流畅性和逻辑一致性的手段。当把每段的主要观点提炼成一句话时，评价每个段落的贡献就会容易得多。反向式提纲还有另一个用途，这对有志向的作家来说更有价值，那就是用反向式提纲揭开已出版作品的隐藏结构。

在罗切斯特大学读研二的时候，我面临着一项看似不可能完成的任务：写我的第一篇期刊论文。虽然我阅读了数百篇学术论文并且进行了大量实验，但写作始终是另一回事。我觉得写一篇学术论文就像建造一艘宇宙飞船一样困难。

随之而来的是长达几周的痛苦。我没完没了地去图书馆和咖啡馆，数小时盯着一个不停闪烁的、可怕的光标，整晚失眠。一天早上，我决定尝试一些不同的东西。我没有继续折磨自己，也没有期待灵感会奇迹般地降临，而是花了几个小时重读一位我非常钦佩且备受尊敬的心理学家的文章。我想，也许他的论文会为我提供一些灵感。

我逐字逐句地读了第一篇文章，然后是第二篇，第三篇。最后，我发现了一些东西。当我读到第五篇或第六篇文章时，这几乎是显而易见的。这些文章包含了一种模式、一种反复出现的结构。它以几种方式呈现出来：在开头几段用令人震惊的数据或新闻故事吸引观众，在对前人的研究进行文献综述前提出一个具有启发性的问题，然后采用大胆华丽的辞藻陈述论文。这些让整篇文章看起来既合乎逻辑又非常大胆。

这一发现让我着迷。我开始对他的论文列反向式提纲，然后得到了一份构思学术论文的方案，而这比我在课堂上学到的任何东西都更有价值。

几年后，我发现这种方法不只适用于撰写研究论文。这对研究互联网上快速传播的内容同样重要。我并不是唯一这样想的人。作家多里·克拉克（Dorie Clark）开发了一套完整的课程，向作家介绍如何对发表的文章进行逆向工程，并将得到的想法用于他们的作品中。她在开发可以快速传播的商业内容方面的观点包括：开头以能让读者赞同的方式描述问题，通过插入激起读者好奇心的标题来分解大段文字，最后以提供具有启发性但与直觉相反的建议来结束。

反向式提纲的价值已经延伸到了写作以外的一系列创造性领域中。营销人员可以利用它来反推令人难忘的广告和活动的提纲和流程，顾问可以利用它来反推成功提案和推销平台的提纲和模式，现场演出人员也可以利用它来反推引人入胜的演讲、表演或单口相声套路的提纲和脚本，播客主可以用它来列出节目的结构，导演可以用它来反推故事场景。

它之所以有效，是因为它会推动我们做一些反常的事：统揽整件作品。这与我们平常进行创造性工作的方式有很大不同。当我们读一本书或看一部电影时，我们会情不自禁地专注于故事情节的一部分。某种程度上，我们会尝试把所有过程当成整体进行思考，但我们能做的只有将一串既不可信又不完整的记忆拼接在一起。

反向式提纲打破了经验的限制。它们将纵横交错的事件压缩成一个文档，有效缩短了时间，解放了我们，让我们得以以开阔的视野重新审视某一作品。我们终于可以不用再盯着绘画作品的笔法、神韵和缺点，而是可以退后几步，欣赏完整的作品。列反向式提纲的过程就像是我们置身于上层的观众席中，可以放松地坐在惠灵顿·马拉和他信赖的宝丽来相机旁边，这令我们可以不自觉地注意到原本忽略的模式。

反向式提纲会迫使我们忽略细节。这非常具有讽刺意味。为了将大量信息提炼成一句话，我们需要牺牲大量不必要的细节。我们不得不采用更抽象的视角来看待素材。这种抽象非常重要。

你第一次读《哈利·波特》（*Harry Potter*）时，会很容易爱上它神奇的背景、令人喜爱的人物和引人入胜的情节。直到后来，当你在一个懒洋洋的夏日下午做白日梦时，你才意识到：一切都似曾相识。J.K. 罗琳（J. K. Rowling）的作品确实教会了你一些重要东西，那就是模式会随着不断拉远的距离而显现。

如何用数字阐明隐藏模式

从上面的内容中，我们可以得到一个重要的结论：识别模式需要抽象化。

反向式提纲并不是缩放和发现模式的唯一手段。另一种手段是将观点转化为数字。

当你每次去看医生时，医生都会收集一些数据。体温、体重、血压、心率，这些是你的生命体征。每个指标都可以

让医生了解你的情况，提供有价值的关于你健康方面的线索。

这些指标之所以有用，是因为它们将患者标准化了。通过标准化的数据，医护人员可以很容易地对两个人进行比较，并在这个过程中锁定关键差异。一旦知道了特定年龄段健康个体的正常生命体征，识别异常的检测就变得简单了。

这就是量化特征的作用：通过将重要特征转化为数字，我们可以比较不同特征出现在两个样本中的频率。

近年来，数据科学家已经开始用这种方法来量化排行榜榜首的歌曲、书籍和电影的特点了。研究人员认为，通过比较大量的热门作品与普通作品，我们可以了解为什么某些作品会脱颖而出，还可以利用这些发现在发布新作品前预测其商业吸引力，找到其需要改进的地方。

那么，关于热门单曲、畅销小说和高票房电影的数据能告诉我们什么呢？实际上，它们能告诉我们很多。

想要闯进公告牌❶前十吗？那就写一首四四拍的歌词欢快、适合跳舞的歌曲，并且要避免使用多种不同的乐器。想成为一名大片制片人吗？那就拍摄一部角色很多的剧本，剧本中不能包含粗俗的东西，而且要有一个强大且具有吸引力的反派。想写一部大卖的小说吗？那么你的开场白一定要简

---

❶ 公告牌，于 1894 年美国俄亥俄州辛辛那提市的一个小酒馆中诞生，其主要作用是制作单曲排行榜。该榜单被认为是美国乃至欧美国家流行乐坛最具权威的一份单曲排行榜。——译者注

短，要尽量避免使用副词，语言要足够简单。

由于流媒体工具可以实时捕捉观众的体验，因此，这样的数据驱动型的想法在未来几年可能会出现指数型增长。在过去，反馈指的是观众在听完一首歌、看完一部电影或一本书后的反应。但如今，声破天能捕捉用户点击"下一首"按钮的准确时刻，奈飞能确定一部电视剧的哪些剧集值得去看，Kindle（电子阅读器）则能识别读者在阅读一本书的时候，哪些部分会读得慢，哪些部分会做标记，哪些部分会被完全跳过。

好消息是，你不需要数以千计的数据点、统计学的博士学位或超级计算机，就可以运用这种方法。当你要在欣赏的作品中寻找模式时，你只需要对数字持有开放性的态度和探索的意愿。

这一切都要从量化特征开始。你拥有的衡量标准越多，就越容易发现某个作品独一无二的显著特征。什么样的指标可能格外重要？这一开始很难知道。这也就是为什么我们要有好奇心，而且要去测量一切可以测量的东西。

假设你在下个月的会议上有个重要的演讲，你找到了一位你钦佩的TED演讲者❶，你想要更好地了解他的演讲模式，

---

❶ TED（Technology、Entertainment、Design 的缩写，即技术、娱乐、设计）是美国的一家私有非营利机构。该机构以它组织的 TED 大会著称，这个会议的宗旨是"传播一切值得传播的创意"。——编者注

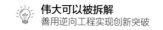

那么，哪些指标值得研究？以下是一个可能的初步清单。

篇幅

- 演示时长
- 字数

结构

- 例如演讲稿的编排
  - ◆ 开篇
  - ◆ 论题
  - ◆ 支持论点 1
  - ◆ 支持论点 2
  - ◆ 支持论点 3
  - ◆ 结论

内容

- 演讲稿的内容分配
  - ◆ 传记故事
  - ◆ 非传记故事、轶事
  - ◆ 有说服力的论据
  - ◆ 支持性数据、事实
  - ◆ 切实可行的策略
- 抛出的问题（悬念）的数量
- 笑话的数量

- **论点的重复次数**
- **语言的复杂性**
  - 句子的复杂性 / 年级水平
  - 平均句长
  - 句子百分比
  - 短句（5 个词或更少）
  - 中等句（6~14 个词）
  - 长句（15 个词或更多）

情绪

- **观众的情绪变化**（来自对每段进行积极、消极或中性情绪的编码）
  - 积极情绪占比
  - 中性情绪占比
  - 负面情绪占比

演讲过程

- **速度**
  - 演讲速度（每分钟说出的字数）
- **肢体语言**
  - 开放式肢体语言和封闭式肢体语言
  - 行走与站立时间的占比
- **幻灯片**
  - 幻灯片总数量
  - 每分钟播放幻灯片的数量

◆ 平均每张幻灯片的字数

◆ 平均每张幻灯片的图片数量

一旦把目标演讲（你欣赏的演讲）转化为各项衡量标准，你就可以采取同样的标准对你过去的演讲进行分析，找出目标演讲者独有的、突出的特征。你可能会发现，他提出了更多问题，使用了更简单的语言，穿插了小故事，使用了更少的幻灯片。这种做法会告诉你一些重要的东西。

2006 年，已故艺术学者肯·罗宾逊爵士（Sir Ken Robinson）发表了题为《学校会扼杀创造力吗？》（*Do Schools Kill Creativity?*）的演讲。这次演讲是有史以来最受欢迎的一次 TED 演讲。现在，让我们通过分析这次演讲来应用这种方法。在演讲中，罗宾逊认为，正规的教育系统让孩子们害怕犯错，削弱了他们天生的创造倾向。

罗宾逊是一位具有吸引力的演说家。他的演讲方式与一般的演讲者不同。他是一个认真、专业且严厉的人。他演讲的每一步都让观众着迷。

看看你能不能从他的演讲中找出一些不同。

篇幅

● **演讲时长**：19 分 24 秒

● **字数**：3105

结构

- **引言**（416 字，约占总篇幅的 13%）
- ◆ 开场把自己的主题与 TED 大会上的其他主题相
  联系
- **论题**（51 字，占总篇幅的 2%）
- ◆ 我的论题是：如今，在教育上，创造力与读写能
  力同样重要，我们应当把他们放在同等地位上
- **说明孩子的创造力与生俱来的轶事**（640 字，约
  占总篇幅的 21%）
- ◆ 画上帝的小女孩
- ◆ 圣诞剧
- ◆ 莎士比亚
- ◆ 毕加索
- **世界各地的教育系统都不重视创造力**（763 字，
  约占总篇幅的 25%）
- ◆ 演讲者的家庭移民美国的轶事
- ◆ 教育系统教授的内容
- ◆ 对工作有用的科目
- ◆ 对升学有用的科目
- **目前面临的挑战**（154 字，约占总篇幅的 5%）
- ◆ 我们培养的毕业生比以前任何时候都多
- ◆ 工作的本质正在改变
- ◆ 学历上的"内卷"

- **智力是如何起作用的**（308 字，约占总篇幅的 10%）

  ◆ 智力有不同的形式

  ◆ 智力是动态的，能随着时间的变化而变化

  ◆ 智力对每个人来说都是独一无二的

- **鼓舞人心的结语**（773 字，约占总篇幅的 25%）

  ◆ 舞蹈家吉莉安·林恩（Gillian Lynne）

  ◆ 将吉莉安的故事与会议上其他演讲相联系

  ◆ 重述挑战（教育目前的定义很狭隘）和提出解决方案（教育全人类）

内容

  ◆ 演讲稿的内容分配

  ◆ 传记故事：394 字，占 13%

  ◆ 非传记故事 / 轶事：674 字，占 22%

  ◆ 具有说服力的论据：1608 字，占 52%

  ◆ 支持数据 / 事实：22 字，占 1%

  ◆ 具体可行的策略：0 字，占 0%

- **提出的问题或悬疑的数量：25 个**

- **笑话的数量：40 个**

- **论点的重复次数：3 次**

- **语言的复杂性**

  ◆ 句子的复杂性：五年级水平

  ◆ 平均句子长度：11 个字

◆ 各类句子的占比

　▲ 短句（5 个词或更少）：23%

　▲ 中等句（6~14 个词）：58%

　▲ 长句（15 个词或更多）：19%

情绪

● **听众的情感变化**（来自对每段进行积极、消极
或中性情绪的编码，如图 2-1）

◆ 积极情绪：36%

◆ 中性情绪：40%

◆ 消极情绪：24%

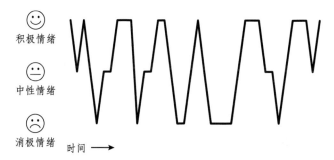

图 2-1　罗宾逊的 TED 演讲：听众的情绪变化图

演讲过程

● **速度**

◆ 演讲速度：每分钟 161 字

● **肢体语言**

◆ 开放式肢体语言和封闭式肢体语言：100% 开放

式肢体语言

◆ 行走与站立的时间占比：行走占 1%，站立占 99%

● **幻灯片**

◆ 幻灯片总数量：0 张

◆ 每分钟播放幻灯片的数量：不适用

◆ 平均每张幻灯片的字数：不适用

◆ 平均每张幻灯片的图片数量：不适用

我们可以快速地从上面的清单中发现几个指标。最突出的就是笑话的数量。在不到 20 分钟的演讲中，光笑话就有 40 个，整个演讲以平均每分钟超过两句笑话的速度在进行。罗宾逊是一名颇具盛名的艺术教育学教授，但他的演讲方式与身份完全不符，他就像一个脱口秀演员。

他向观众提出问题的数量共 25 个，这相当于平均每分钟他就会提超过一个问题。说句公道话，这个数字被罗宾逊的说话（而且明显是英语）习惯略微夸大了，因为他会在句末加上"不是吗？"。但这在吸引观众的注意、保持观众的参与度方面，总的来说是有效的。这种方式就像观众们正与朋友进行非正式的互动讨论一样。

这种分类方法还揭示了一个令人吃惊的指标——罗宾逊用来支持其论点的数据的数量。在近 20 分钟的时间里，他只给出了一个数据，几乎是一带而过。他演讲的说服力与事实无关，反而与轶事有关。在众多数据中，这一点难以被忽视。你只需看看他演讲稿中的事实的比例——微不足道的1%，传记故事和轶事呢？高达35%。

换句话说，罗宾逊是一位学者，是教育专家之一，他可以在短时间内引用各种引人入胜的事实，但他用了什么来吸引 TED 的观众，让6500万观众观看他的演讲视频呢？他采用了讲故事的方法。

在将罗宾逊的演讲转化成具体的指标后，我们立刻就能对使他的方法与众不同的因素有清晰的了解。我们只需粗略地看一眼数字，就能感受到他演讲的成功之处，而且比大多数现场观众感受到的要多得多。

但这并不是终点。因为这些结果不仅有启迪作用，还具有指导意义。

复制罗宾逊的套路并将其用于一个全新的主题很简单。我们甚至可以设计一个模板，将罗宾逊极具影响力的演讲转化为具体的框架图。我们还需要做的就是对他的演讲列一个反向式提纲，并参考他的指标。

多亏了分析，我们准确地知道了演讲稿的总字数、每个部分所占的比重，以及观众体验的情绪变化。我们也知道了什么时候应该使用反问句、什么时候该呈现引人入胜的轶事，以及什么时候该穿插笑话。

肯·罗宾逊爵士的 TED 演讲架构

篇幅

- **目标字数**：3105

结构

- **引言**（13%）

◆ 以称赞其他人的演讲开始

◆ 强调与你的演讲有关的要点

- **论题**（2%）

◆ 从其他人的演讲向你的论题过渡

◆ 明确你认为可能被忽视的问题，并提出另一种
观点

◆ 用一句话清晰简洁地提出你的论题

- **提供支持论题的轶事**（20%）

◆ 通过一系列简洁、相关、有趣的轶事，提供支
持你论题的证据

- **解释现状是如何产生的**（25%）

◆ 可能的话，可以把你的童年、你的孩子或配偶
的轶事穿插进去

- **讨论当前的挑战将变得多么严峻**（5%）

◆ 如果你提出的问题不被加以抑制，将会以几种
方式扩散

- **向解决方案过渡**（10%）
  - ◆ 提出另一种解决问题的、基于科学的观点
- **鼓舞人心的结语**（25%）
  - ◆ 找到一个关于当前问题而遭受痛苦的个人故事
  - ◆ 概述你的解决方案会怎样帮助这个人去克服他面临的挑战
  - ◆ 强调这个人使用了你的方法后取得的惊人的成功
  - ◆ 将这个人的故事与会议上的其他人的演讲相联系
  - ◆ 重申面临的挑战，并将之与解决方案相联系

我们现在有了一个成功的方案，它可以详细指导我们如何根据受欢迎的演讲风格来准备成功的演讲。更重要的是，一旦写好了演讲稿，我们就可以回过头来把它的指标和观众的反应与罗宾逊的演讲进行比较，并用对比结果确定需要微调的确切地方。

罗宾逊的方法非常独特，并不是每个人都有能力做到每隔 20 秒就讲一个笑话，并用这种方式来完成一次趣闻丰富的演讲。幸运的是，你不必这么做。你所要做的就是找到一位方法与你的演讲偏好相符的、与众不同的演讲者。说到底，这就是列反向提纲、量化特征和寻找模板的力量。它是一种方法，可以让你轻松地研究分析一系列作品，直到你找到一种能与你共鸣的结构，并可以以全新的方式来应用它。

用指标揭露商业战略

世界上最好的网站有哪些不同之处？苹果的网站是一个经常被营销人员称为优雅、有品位的典范。如果你曾访问过该公司的主页或使用过 iTunes（一款免费的数字媒体播放应用程序）商店，你就会知道苹果公司喜欢干净、整洁的页面设计。但这就是全部吗？如果用本章介绍的一些工具来分析苹果的主页，我们会学到什么？

对苹果网站列反向提纲是一个很好的起点。以下是最近一次访问揭示的内容：

苹果网站：反向式提纲

网站的菜单栏

［完整页面］：苹果无线耳机专业版（Airpods Pro）

［完整页面］：苹果手机 11 专业版（iPhone 11 Pro）

［完整页面］：苹果手机 11（iPhone 11）

［半个页面］：隐私信息 /［半个页面］：苹果智能手表（Apple Watch）

［半个页面］：苹果视频订阅服务（TV+）/［半个页面］：苹果虚拟信用卡服务

［半个页面］：苹果游戏订阅服务 /［半个页面］：苹果平板电脑（iPad）

免责声明

网站导航链接

缩放可以让我们从宏观的角度分析苹果的做法。但直到我们开始量化苹果网站的特征，对比从苹果网站收集的指标与其他网站的指标时，我们才能发现使其与众不同的模式。

让我们看一看苹果网站和三星网站的初步的指标对比清单（表 2-1）。

表 2-1 苹果网站和三星网站的初步指标对比清单

网站量化指标		
页面设计	苹果	三星
横幅广告的数量	9	29
滚动横幅广告	0	14
可点击按钮（排除菜单栏）	18	37
可点击按钮（包括菜单栏）	88	272
图像		
特写图像（总占比 /%）	56	7
以人为特色的图像（总占比 /%）	11	17
传递的信息		
总字数	140	324
平均标题长度	2.1	6.9
关注功能 /%	56	75
关注好处 /%	56	25
设计价格 /%	18	52

所以，这两个网站之间的差异是什么？

首先，苹果登录页面的信息量要少得多。页面广告数量更少，标题更短，字数不到三星的一半。为什么苹果网站提供的信息量少于三星？苹果品牌致力于简洁，并将这一主旨扩展到公司的市场营销方面，包括网站。它对网站的简洁性进行了最大限度的优化。

其次，与三星相比，苹果的网站很少提到价格，它更倾向于强调产品的好处，而不是特定功能。苹果公司不会告诉你，新版无线耳机拥有最先进的降噪技术。它更喜欢富有诗意和发自肺腑的表达，如"你从未听说过的魔术"。苹果一次又一次地在各种产品上运用这种方法，强调产品的好处的频率是三星的两倍多。为什么？因为苹果追求的是情感，而不是逻辑。

最后，两个页面的审美差异非常明显。苹果网站上的图像很柔和，颜色很少。当你在网页上停住时，页面不会放大，超链接不会闪烁。整个页面没有变化，一切都是静止的。相比之下，三星的网站颜色丰富。如果说访问三星的网站感觉像走进一个人潮拥挤的购物中心，那么访问苹果的网站就像进入博物馆。这当然是苹果有意而为的。他们知道，过度刺激会引发焦虑，而焦虑是简洁的天敌。

苹果的策略是使用更少的字，专注于情感，避免过度刺激，这一切都可以在我们收集的指标中看到。这凸显了量化特征的另一个好处：揭示策略。它让我们瞥见了幕后的一角，揭示了一家公司的目标。即使你不打算创建一个像苹果那样的网站，对其构建网站的思考过程进行逆向工程也是有价值的。正如这一比较所显示，这是一种强大而廉价的情报收集手段。

如果你有兴趣在苹果模式的基础上设计一个网站，那你现在不仅在结构、设计和内容方面有了方向，还有了可以用作基准的指标。就像 TED 演讲一样，你现在可以写作、量化，然后与肯·罗宾逊爵士的演讲进行比较。你同样可以量化你的网站草图，并将你的指标与苹果、蒂芙尼（Tiffany）、沃尔玛（Walmart）或世界上任何你选择的网站进行比较，包括你所在领域的领先者。

这是一种方法，让你有机会利用与计算机算法用来检测模式和形成预测的相同的工具。你在收集例子、量化重要变量、找出相似之处，并用你的想法来创造新东西的过程中，也在进行预测。这个预测过程利用了隐藏模式，有助于你创作出成功案例。

但这其中有一个小问题。

也许你已经预料到了，这就是一直在困扰你的批判性言论。反向推出成功的规律，找出使其独一无二的特征，然后大规模地重新创造，并不一定会产生真正的创造力。它很可能会遗漏一些东西。

遗漏的是什么呢？

第三章

打破『必须』彻底颠覆的思维

像马尔科姆·格拉德威尔（Malcolm Gladwell）那样写作的秘诀是什么？

这个谜题困扰了一代非虚构类作家。2000 年，格拉德威尔的第一本书《引爆点：如何引发流行》（*The Tipping Point: How Little Things Can Make a Big Difference*）首次登上《纽约时报》（*New York Times*）畅销书排行榜。从那以后，这本书一直盘踞于榜单长达 400 周，无数不同领域的作家都试图破解这一谜题。

书中的某些套路很明显，有现在流行的非虚构类作品的固定结构：故事—研究—故事—研究。它有用来塑造栩栩如生的核心人物的小说风格，有具有吸引力的极简主义，还有可以用来交流复杂想法，把无趣的数据变成有趣的证据的方法。

人们对搜寻规律（方法）非常感兴趣，几近着迷。只要上网快速搜索一下，你就会发现与此有关的数以百计的文章、评论和分析，以及数量惊人的专业课程，包括格拉德威尔本人上传的 24 节课的系列视频。

毫无疑问，分析格拉德威尔的写作规律是有意义的。如果你想写出一本成功的非虚构类作品，那么还有谁能比一位在非虚构类作品中占主导地位的作家更适合你去学习呢？

然而，公众对格拉德威尔作品的痴迷极具讽刺意味，至少在你想到马尔科姆·格拉德威尔在写作初期最不希望像的人是他自己的时候，它是存在的。他渴望掌握一种不同的风格，一种独属于他自己的文学风格。

格拉德威尔说："我最开始试图像我儿时的偶像——威廉·F. 巴克利（William F. Buckley）那样写作。如果你读了我早期的作品，你会发现它是疯狂的衍生品。我做的一切就是寻找范例（威廉的作品），然后模仿它们。"威廉·F. 巴克利是美国《国家评论》（*National Review*）的创办人，是一位保守主义评论家。

与许多杰出人士一样，格拉德威尔的成功之路也始于全神贯注地分析他人的作品，并将他们的方法提炼成可复制的规律。他坦率地承认，他这样做的结果令他失望，但这也并不少见。事实上，它凸显了逆向工程的一个关键局限性：仅靠模仿是远远不够的，它反而是让你的作品不被认真对待的原因之一。

但是，依靠逆向工程创作的作品存在三个问题。由逆向工程产生的作品很容易被认为是非原创的。2005 年，一位来自亚利桑那州的全职妈妈出版了一本小说，讲述的是一个高中生爱上一个吸血鬼的故事。这本书席卷了文坛。《暮光之城》（Twilight）的大火，滋生了数百部以吸血鬼和年轻人为题材的电影，但几乎没有一部作品的受欢迎度能赶得上斯蒂芬妮·梅尔（Stephenie Meyer）的原创系列，哪怕是一丁点。

没什么比一连串的模仿更能让一种类型的电影衰落了。原因很简单：一个套路使用得越频繁，它的可预测性就越高，吸引力就越小。

还有一个更细微的理由，可以解释为什么只复制一个套路很少会产生令人印象深刻的结果。那就是，杰出的作品不仅依赖于一份经过验证的秘诀，它还依赖于多种因素的组合。

最基本的情况是，我们有一个规律和实施它的人。给两个人相同的规律，他们可能会产生不同的结果。为什么？因为每个人拥有的优势、个性和经历不同，这些都体现了他们在实施过程中的独特性。

第二个问题是可靠性问题。在前文中，我们揭开了世界上最受欢迎的 TED 演讲的套路。其中包括肯·罗宾逊爵士一连串无懈可击的自嘲式笑话。理论上讲，任何读这本书的人都可以将这个模板应用于他们下一次的演讲。但如果你不太擅长讲笑话怎么办？或者，如果你的话题需要语气严肃，幽默不合适，又该怎么办？如果你缺乏肯·罗宾逊爵士那样的学术声望，并迫切需要数据来令人信服，你该怎么办？

在这种情况下，你需要的不只是规律，还需要选择适合自己的规律。

第三个问题是，如何选择适合自己的规律。这一点可能很难实现。《暮光之城》的所有复制品之所以都未能流行起来，不是因为它们都很糟糕，而是因为读者的期望发生了变化。当观众接触到一种独特体验时，他们的期待也会发生改变。受众不会再被曾经新颖的背景所吸引，不会再被曾经非常迷恋的人物所吸引，也不会再被现在成为惯例的情节转折所迷惑。他们已经适应了，之前，他们还觉得这个套路很扣人心弦，但现在他们只会觉得平淡无奇、老套陈旧。

这一点很重要。相较于其他创意领域，音乐行业已经学会了如何更好地克服这一障碍。在音乐领域，明星艺术家很少会长期使用相同的方案。他们发现，与时俱进的最安全做法就是调整每张专辑中的影像、风格或声音的某些方面，改进他们的方法。

大卫·鲍伊是最早利用"模式中断"策略的人之一。他不仅会不断改变自己的衣着打扮，从嬉皮士螺旋形图案（20世纪60年代初）到西装领带（20世纪60年代末），到披头士（1972年年初）、闪电妆（1973年），再到高定时装（20世纪70年代中期）。他也会改变自己的音乐风格，其音乐涵盖了华丽摇滚、流行音乐、爵士等多种类型。埃尔顿·约翰（Elton John）、麦当娜（Madonna）、玛丽亚·凯莉（Mariah Carey）、凯蒂·佩里（Katy Perry）、布鲁诺·马尔斯（Bruno Mars）和碧昂斯（Beyoncé）紧随其后。今天，我们期待音乐家可以随着时间的推移向我们展示新的形象。

这个原则同样适用于商界。正如贝宝（PayPal）的联合创始人彼得·泰尔（Peter Thiel）所说："商业中的每个时刻都只有一次。下一个比尔·盖茨不会构建操作系统。下一个拉里·佩奇或谢尔盖·布林（Sergey Brin）不会开发搜索引擎。下一个马克·扎克伯格（Mark Zuckerberg）不会创建一个社交网络。如果你模仿他们，那么你就不是在向他们学习。"

这就是为什么只复制一种有效的规律最终会成为一种失败的策略。你需要的是一个能与你独特的能力、兴趣和情况互补的规律。

但你究竟能在哪里找到它呢？

创意过多的苦恼

你可能认为，上述问题的解决方案是完全避开他人的影响，努力实现完全原创。但事实证明，这也是个错误，特别是对受众广的项目来说。如果你想写一部轰动一时的电影，发表一份成功的演讲，或者做一道令人难忘的菜肴，那么你最不想要的就是一大堆的新奇事物。为什么？因为无论观众们声称他们多么渴望大胆、创新的想法，研究表明，他们在具体实践中总是拒绝这样的想法。

詹妮弗·米勒（Jennifer Mueller）是南加州大学的社会心理学家，她的创造力研究揭示了一个令人担忧的趋势：想法越新颖，越可能被拒绝。更糟的是，我们不仅会打压创造性的建议，还会惩罚提出建议的人。米勒的研究表明，当遇到极具创造性的想法时，我们不仅可能会对它们不屑一顾，还会认为提出这些想法的人实力不够。

我们如此不愿接纳新事物到底是因为什么呢？因为新奇的事物会让我们感到不适，甚至不快。这种趋势在职场中表现得最为明显。在职场中，我们更倾向于接受那些让我们感到安全和自信的想法。

如果你对这一发现持有疑问，或者你认为它不适用于你，认为自己比普通人更易于接受新想法，那么，请你回想一下你上次遇到一首喜欢的新歌的时候。现在问问你自己：这首歌到底有多新颖？有使用你从未听过的乐器吗？是用不常见的调子弹奏的吗？有不寻常的节奏特征吗？

如果你和大多数人一样，那么你听到有这些特征的歌曲可能会感到不愉快。这只是音乐而已。同理，我们喜欢的电影、艺术品和餐馆也是如此。我们倾向于认为自己渴望新奇，但我们真正喜欢的是熟悉的东西。

只要问问英国电台司令乐队（Radiohead）的主唱兼词

曲作者汤姆·约克（Thom Yorke）就知道了。20 世纪 90 年代末，电台司令乐队矗立于摇滚乐坛的顶峰。它的音乐风格符合时代潮流而且具有独特韵味。与主导"公告牌"排行榜的乏味的音乐相比，它更有旋律，更发人深省，更复杂多变。乐队的第三张专辑《好的，电脑》（*OK Computer*）将该乐队推向了新高度。荣登榜首后，这张白金专辑的销量（唱片集达 100 万张的销售量）翻了好几番。在英国的一次民意调查中，该专辑被评为有史以来最伟大的专辑，领先于披头士（Beatles）发行的任何专辑。

许多艺术家感到欣慰，但约克不在其中。他变得焦躁不安。"我再也不想加入摇滚乐队了。"他说得似乎毫无根据。许多与约克同时代的人发行一张又一张重复同样内容的专辑并沦为陈词滥调，约克目睹了太多这样的情形。他担心电台司令乐队会面临同样的命运，于是他决定将乐队引向完全不同的方向。他开始专注于制作乐队下一张完全原创的专辑《孩子 A》（*Kid A*）。他告诉《滚石》（*Rolling Stone*）杂志："专辑《孩子 A》就像一块巨大的橡皮擦，他要擦去一切，然后重新开始。"

约克做的第一件事就是抛弃电吉他，取而代之的是穆迪合成器、电子音序器和脉冲鼓机节拍器。为了清除头脑中同时代音乐的影响，他暂时放下了城市里的一切，去了风景如画的康沃尔。他在那里的乡下徒步旅行，画素描，在一架小小的三角钢琴上写歌。约克如此彻底地致力于改变乐队的每一个元素，以至于他的歌词都被人认为有问题。为了避免冗余，约克故意随机组合单词，似乎是在鼓动听众试着理解他的歌曲。更重要的是，他在一些歌曲中用合成器扭曲了自己的声音，使他荒谬歌词中的很大一部分变得难以理解。

约克很坚定："不会有单曲，也不会有音乐视频。这张专辑已经足够了。"

结果呢？说听众的反应好坏参半已经很手下留情了。大多数听众真的很困惑。这就是一心想要摧毁听众期望的试验性合成器组合。评论家们显然没那么仁慈。《滚石》杂志批评说这张专辑"令人恼火"；《音乐周刊》（Music Week）宣称它"完全令人失望"；Spin 杂志（报道非主流音乐的音乐杂志）则预测该专辑将被视为"自毁职业生涯"的作品。

电台司令乐队执拗于原创的做法疏远了听众。20 多年后，虽然乐队仍在发行新专辑，但他们 20 世纪 90 年代的音乐仍旧占据绝大多数下载量和销售量。

创意的反面效果在商界中也一样。通常来说，创意很重要，消费者的接受度也同样重要。

亚马逊为办公用品、书籍和杂货提供的一小时送货服务看起来很像是现代创新的缩影。但 20 年前，Kozmo 公司（在线配送公司，提供当日送达服务）也曾试图销售同样的服务，却失败了。像优食（Uber Eats）和多尔达什（DoorDash）等高端外卖平台也曾发生过相同的事情。它们提供的服务与 1987年 Takeout Taxi（提供外卖服务的网站）提供的服务完全相同。

但后者也破产了。然后是苹果手表（Apple Watch），它可以提供即时新闻、天气、交通报告和体育比分。微软的智能手表也曾在几十年前提供过这些功能。

以上所有的例子都表明，有时候，优质的想法被拒绝或忽视并不是因为它们缺乏价值。新奇有时候也是一种负担。因为市场有时候没有能力接受全新的想法。

所有这些都让我们陷入了僵局。彻头彻尾的模仿会导致我们一事无成。绝对的新颖又会遭到鄙视。那么，究竟什么才是正确的做法呢？

最佳新颖性

2014 年，为了验证这一"悖论"，哈佛大学的一组研究员进行了一项巧妙的实验，他们分析了获得资助的医学研究提案的类型。

学术研究的竞争非常激烈。仅靠每周工作 60 小时，大量发表同行评议的论文，或被公认是所在领域的专家是不够的。为了保住工作，他们每隔几年就需要说服由美国国立卫生研究院等政府机构的专家组成的小组，让他们相信自己的研究提案值得资助。

怎样预测一项提案是否会获得批准？为了找出答案，哈佛大学团队选取了实际的资助申请，并让包括大学教授和医生在内的 142 名学科专家进行评估。每项提案按照质量、可行性和新颖性等衡量标准进行评级。专家还要给每项提案打分，表示他们认为应该得到资助的程度。

研究证实了詹妮弗·米勒的说法：提案越新颖，专家推荐资助的可能性就越小。但在研究数据中藏着一条有趣的线索，它说明了专家真正想要的是什么，哪些提案最可能获得专家的支持。这其中包含了少量新颖性的提案。

彻头彻尾的模仿会导致我们一事无成，绝对的新颖又会遭到鄙视，解决方案就是避开这两个极端。人们更愿意接受的是带有细微变化的熟悉事物。卡里姆·拉哈尼（Karim Lakhani），哈佛商学院指导这项资助研究的教授之一，用另一个术语描述了这种现象，它就是最佳新颖性。

在既定套路中加入新奇元素更容易取得成功，这应该是人们想要得到的信息。它表明，许多创作者给自己施加压力，要求自己创造完全原创的东西不仅是不必要的，实际上还会适得其反。创作出意义深远的作品的秘诀不是绝对的新奇，而是经过验证的套路，加上独特的新花样。

创意是想法交织的产物

逆向工程提供了创意等式的前半部分：经过验证的规律。创意这一变体的来源有很多。

一种做法是融合不同的作品。20世纪90年代，当导演昆汀·塔伦蒂诺的第一部主要作品《低俗小说》（*Pulp*

Fiction）登上荧幕时，他被誉为同代人中最具原创性的制片人之一。塔伦蒂诺的作品很独特，但并不是毫无根据的。塔伦蒂诺电影的独特之处在于，他喜欢将其他不太受欢迎的风格的特征［包括疯克音乐 ❶（funk music）、长时间的打斗场景和不和谐的暴力因素］运用到以对话为主的喜剧片中。换句话说，他融合了不同风格的作品，这种融合产生了今天可以立即被识别出的塔伦蒂诺风格。

音乐家们也经常使用类似的方法以期创作出独特的音乐风格。当大门乐队（Doors）的吉他手罗比·克里格（Robby Krieger）第一次给乐队成员演奏自己创作的一首时髦歌曲的和弦时，他们的反应平淡无奇。键盘手雷·曼扎雷克（Ray Manzarek）回忆说，他当时对这首歌不屑一顾，认为它非常的"桑尼和雪儿"（Sonny and Cher）。在 1967 年，这是"主流和蹩脚"的缩写。但乐队已经在录音棚中尝试即兴演奏这首歌了。他们添加的第一个元素是拉丁音乐的鼓点。接下来是一套受约翰·科尔特兰（John Coltrane）启发的爵士乐独奏。最后添加的是模仿约翰·塞巴斯蒂安·巴赫（Johann Sebastian Bach）的前奏。他们根本不知道自己刚刚写下了摇滚乐史上非常令人难忘的歌曲之一。吉姆·莫里森（Jim

---

❶ 疯克音乐，也称放克音乐，是连接传统"灵魂乐"和早期"迪斯科音乐"的过渡音乐。"疯克音乐"的重点在节奏上，即强调由鼓和贝斯构成的节奏部分。——译者注

Morrison）想出了这首歌的名字：《点燃我的欲火》（*Light My Fire*）。

在商界，融合不同概念的历史悠久而辉煌。许多我们如今认为理所当然、从根本上改变世界的技术创新，实际上只是融合了不同领域的通用概念。

史蒂夫·乔布斯没有发明 MP3 播放器或手机。但他领导的团队找到了结合两者的方法，最终推出了苹果手机。早在 1995 年，两名斯坦福大学的学生运用了学者引用研究论文的方式来组织万维网（World Wide Web）的信息，这促使了谷歌的诞生。创新的历史在极大程度上依赖于现有思想的融合。用作家马特·里德利（Matt Ridley）的话来说："创意是想法交织在一起的产物。"

因此，融合不同风格的作品是找到新花样的一种方法。但前提是，你得具备找到独特作品的能力。对于像昆汀·塔伦蒂诺这样在主流文化外寻找灵感并引入自己喜欢的元素的人来说，融合不同风格作品的做法最为有效。

另一种做法是将另一个领域引起共鸣的方法应用于你的领域。2008 年，贝拉克·奥巴马（Barack Obama）赢得了美国总统大选。然而，往前倒推不到十年的时间，他还在芝加哥陷于一场艰苦的政治斗争中，竭力说服选民选他为国会议员。作为一名前法学教授，他习惯于给听众讲课，而不是与他们互动，让他们参与到演讲中。他有个习惯会令人不快，那就是他的演讲中包含着复杂的学术思想，这让选民们摸不着头脑。他的演讲让他们觉得扫兴。奥巴马的竞选工作人员恳求他放弃那些专业术语，以调动起观众的情绪。但奥巴马很固执。

奥巴马对这些请求置若罔闻。那年 11 月，奥巴马继续遭受重创，最终输掉了竞选。这场竞选比赛让他身无分文，并且迷失了方向。有一段时间，他曾考虑离开政坛。当时，一位顾问建议他在芝加哥教堂待一段时间，仔细观察传教士传达信息和鼓舞听众的方式。

几年后，当奥巴马宣布竞选美国参议员时，他的演讲风格发生了改变。他不再使用抽象的方式与听众交流，而是以讲故事的方式重复自己的观点。这种改变不仅仅指的是他说话的内容，也指他的说话方式。

奥巴马学会了时而大声疾呼，时而轻声细语；学会了调整语气，巧妙地传达情感；学会了用刻意、冷静的停顿强调重要论点。通过把教会中的常用技巧引入政治舞台，奥巴马形成了自己的演讲风格，确立了自己作为一股独特政治力量的地位。

在商界，调查相近领域以获取新想法的做法极为普遍。当乔布斯与史蒂夫·沃兹尼亚克（Steve Wozniak）合作开发苹果电脑二代时，他想要的不只是一台开拓性的电脑。他想要的是一个看起来像这样的设备。但他没有从其他品牌的电脑中寻找灵感，反而开车去了梅西百货（Macy's）查看厨房用具。在那里，美膳雅品牌（Cuisinart）的食品加工器引起了他的注意。它的造型给他提供了一个想法，那就是设计一个独立、不需要组装的电脑（因此也很难拆卸）。这种电脑设计在当时是具有突破性的。

并不只有乔布斯习惯在领域之外寻找创新想法。美国在线的时任董事长史蒂夫·凯斯（Steve Case）也是如此。凯斯很早就认识到，美国在线与电话一样，它的服务价值在很大程度上取决于用户数量。为了获得成功，他必须快速建立起一个稳定的网络，否则他就可能会失去已经注册的用户。为了增加平台的使用量，凯斯运用了洗衣粉市场上常用的免费试用的策略。

如果你成长于 20 世纪 90 年代，那么你就会想起那些无处不在的光盘。这些光盘的外壳上有一个黄色的棒状图形，并且每隔几天就会被送到你的邮箱里。这都是由美国在线提供的。在凯斯的领导下，美国在线在免费试用上花费了 3 亿多美元，为上百万消费者提供了数小时的互联网接入服务，以此来吸引新用户。这笔费用看起来很惊人，直到 2015 年，凯斯以令人瞠目的 44 亿美元的高价出售了美国在线。更令人印象深刻的是，如果凯斯没有采用软件领域之前没人认真考虑过的营销策略，那么美国在线完全可能会亏本。

无经验的经验

20 世纪 60 年代初，斯坦·李（Stan Lee）准备放弃画漫画了。那时，传统的观点认为，漫画迷们渴望的是平凡的英雄和激烈的打斗场景。李厌倦了一遍又一遍地炮制老套的情节。他快40岁了，也几乎做不了其他事情，但这并不重要。他已经准备好在新职业中碰碰运气。

在递交辞呈前，李向他的妻子琼寻求建议。她的建议令蜘蛛侠（Spider-Man）、无敌浩克（the Incredible Hulk）、雷神托尔（Thor）和X战警（X-Men）等超级英雄家喻户晓。几年后的圣地亚哥国际动漫展（Comic-Con）上，李回忆道："我妻子曾说，'如果你要辞职，那你为什么不按自己想要的方式写一本书呢？把你的想法变成文字。最糟糕的不过是，你会被解雇，而你本来就想辞职。'"该动漫展每年举办一次，它的大部分灵感来源于李的作品。

他采纳了她的建议。鼓起勇气的李最终做了什么呢？他画了漫画迷们意料之外的内容：有缺陷的超级英雄。这在当时是一个大胆的行为，与美化完美英雄的传统方法相去甚远。超人，一个友好、乐观和智慧的角色，主宰了这个行业。李保留了超人们身体上的勇猛，但增添了他们情感上的脆弱性。

从《神奇四侠》（Fantastic Four）开始，李向读者们呈现了狂暴的、易怒的、挣扎的、爱斗嘴和复仇的超级英雄们。令出版商吃惊的是，观众们非常喜欢。最终，李可以自由塑造更多不完美的角色，精心设计他想要的、具有挑战性的故事情节。

李后来的漫画获得了巨大的成功，可以继续每年创造数十亿美元的收入。

每部漫威电影都具有一定的特点，就是它们都可以追溯到斯坦·李最初的作品。这些特点共同构成了一个模式。

通常，漫威电影中会有一个英雄获得了一种超能力，每部电影的主角之间都有无休止的争斗，身材矮小但时髦自信的女人与强大但缺乏安全感的男人间的组合，毫无进展的纯洁爱情，一连串扭曲的流行文化的引用，由计算机生成的高潮部分的战斗场景（把电影引向终局），等等。

当用一段文字来描述漫威电影时，它看起来很刻板，不是吗？

这引发了一些有趣的问题：漫威到底是如何年复一年地吸引影迷的？它如何做到呈现相同的人物、故事情节和主题，却不让观众感到无聊的？它的创作过程教会了我们什么？

2019 年，欧洲工商管理学院的斯宾塞·哈里森（Spencer Harrison）带领创造力研究人员试图对漫威的方法进行大量研究。为了找出答案，他们钻研了漫威团队（从演员到导演和制片人）的数百次采访，分析了电影剧本，研究了每部电影的评论。他们发现，漫威用来防止套路过时的方法之一是在电影中引入新元素。哈里森称这种方法是"无经验的经验"。

如果你已经看过自己列表中的漫威电影，那你可能已经注意到《雷神 3：诸神黄昏》（*Thor: Ragnarok*）比《雷神 2：黑暗世界》（*Thor: The Dark World*）有趣多了。这是因为后者是由参与制作《权力的游戏》（*Game of Thrones*）的同行导演的。前者的导演是即兴喜剧演员。依靠一个拥有成熟经验的核心团队，再加上新加入的"局外人"，漫威就能够调整拍摄方法，让每部电影都相对新颖。

我们可以从漫威的方法中找到一种做法，那就是增加新成员并发挥他们的作用，朝着新方向改进模式。无论你有多成功，如果你想产出创造性作品，就不要耽于与同一个团队工作的舒适，而是要每隔几个项目就寻找新成员。你可以采取以下方式：在你的团队中引入新成员，招募新员工，或者以项目为基础，从外部聘请自由职业者或顾问。

如果你是独自工作的，那么漫威的方案看起来好像不太适合你。但事实并非如此。有时候，我们也可以利用他人的专业知识。亲密的朋友、同事和家人有能力以我们意识不到的方式塑造我们的信念和期望。每个人在一定程度上都可以决定与谁在一起度过时间，但我们很少会把改变社交圈视为激发创造性的工具。但是，我们应该这么做。

从这个角度来看，我们轻视了建立关系网的作用。许多人都被教导要把关系网看成一种为业务发展和职业发展服务的交易型工具。我们与已故哈佛商学院教授克莱顿·克里斯坦森进行过短暂的会面。他说，高管们会利用关系网来推销自己和自己的公司，或者与那些拥有宝贵资源的人交朋友，而创业者则会把它当成一种收集有价值观点和前沿想法的手段。

通过积极寻找和管理一个由不同领域的朋友和同事组成的多样化关系网，任何人都能增加找到值得纳入工作的新想法的概率。

假设你要发表一篇婚礼祝酒词，你想要它迷人、机智和犀利。你知道谁最适合这个场合——喜剧演员斯蒂芬·科尔伯特（Stephen Colbert）。显然，打电话给哥伦比亚广播公司（CBS）寻求科尔伯特的帮助是不太可能的。你可以反向列出它的演讲提纲，但可能你会意识到这样做的价值有限，因为他的表演针对的是新闻时事。

幸运的是，还有另一个选择可以让你把科尔伯特的观点融入你的婚礼祝酒词中。这需要提出一些问题，引导你思考科尔伯特会如何处理你演讲中的具体内容。

例如，科尔伯特会如何开始一篇婚礼祝酒词？提出这个简单的问题会把你推向一种非常特殊的心理状态，让你更有可能创作出与他的方法相一致的祝酒词。相比之下，问自己坎耶·韦斯特（Kanye West）、唐纳德·特朗普（Donald Trump）或奥普拉·温弗瑞（Oprah Winfrey）会如何开始婚礼祝酒词，会把你引向截然不同的方向。

事实上，研究表明，仅仅唤起我们对某个特定的有影响力的人的记忆，就会改变我们的习惯和行为。不仅名人有这样的作用，某些品牌也有。例如，研究发现，看到迪士尼的标志会促使人们表现得更诚实，看到佳得乐（Gatorade）的瓶子会激励人们对正在做的事情投入更多精力，红牛（Red Bull）的形象会促使人们更好斗。

输送形象是商界中一种特别有效的方法。思考一下斯蒂芬妮（Stephanie）的例子。斯蒂芬妮是一位销售经理。她可以将一个备受推崇的品牌的产品引入一个完全不同的行业。

此时，我们之前提出的问题（"斯蒂芬·科尔伯特将如何开始一篇婚礼祝酒词？"）就变成了"亚马逊将如何推出这款产品？"或者"塔吉特公司（Target）会如何展示这一点？"以及"金·卡戴珊（Kim Kardashian）将如何让这一提案迅速传播？"。这些提示中的每一个都为原本可能被忽视的想法、启发性策略、战术和技巧提供了独特的出发点。

有选择性地忽视

目前为止，我们已经找到了三种策略，可以把采用经过验证的套路和添加独特的新花样融合在一起。这三种策略是：将几种不同风格的作品融合在一起；在不相关的流派和行业中寻找想法并引入自己的领域；改变团队和关系网的组成（无论是现实的还是虚拟的）。我们也已经探索了这些策略的好处。

第四种策略是，对你选取的信息保持挑剔的态度。

对选取的信息保持挑剔态度，是区分你与所在领域的其他人的重要前提。正如乔布斯所说："创造力就是将事物联系在一起。"乔布斯藏于他敏锐的观察力中的选择具有战略意义。如果你想从其他厨师中脱颖而出，使用与众不同的食材进行烹饪很有帮助。

许多从事创作的专业人士会订阅相同的简报，收听相同的播客，阅读相同的书籍。他们到底是真的感兴趣，还是迫于潮流的压力，都不重要。结果都是一样的，那就是原创变得更难了。有选择性地挑选有影响力的作品是解决创作同质化的良方。

这就引出了削减你选取的信息的第二个原因：它会让你选择的素材更有分量。你的注意力越分散，有影响力的作品对你的作用就越小。通过剔除无用的材料，你可以把注意力放在真正有价值的作品上。

有选择性的忽视可以让你对一时的流行作品更有抵抗力。你的创造力在很大程度上取决于你关注的东西。如果你关注的是转瞬即逝的风尚或者是风靡一时的事物，那么你的作品可能会很快被淘汰。相比之下，深入探究经得起时间考验的经典作品，并将其融入你的创作中，可以激发你的创造力。

出于这些原因，大量成功的创意人士选择战略性地忽略某些作品。他们认识到，有时候，关注的作品越少，产生的独特方法就越多。例如，摇滚传奇汤姆·佩蒂（Tom Petty）敏锐地意识到，他将民谣、乡村音乐和流行音乐融合在一起的旋律并不独特。事实上，这与当时另一位流行音乐家布鲁斯·斯普林斯汀（Bruce Springsteen）的作品有很多相似之处。这就是为什么在他的整个音乐生涯中，佩蒂都坚持避开斯普林斯汀的音乐，防止无意间加剧他们音乐的相似程度。

范·海伦（Van Halen）在世的几十年里，乐队的首席词曲作者，已故的埃迪·范·海伦（Eddie Van Halen）把现代音乐从他的日常歌单中完全剔除。那他听的是什么？马友友（Yo-Yo Ma）的大提琴曲。2015 年，范·海伦在接受《公告牌》的采访时坦言道："就算我想录制一张现代音乐唱片，我也做不到。因为我不知道现代音乐是什么样子的。"

喜剧演员比尔·马赫（Bill Maher）在美国家庭影院剧场（HBO）有一个周播新闻节目。英国喜剧演员约翰·奥利弗（John Oliver）也是如此。马赫既没看过也不打算看奥利弗的节目。他有意忽略奥利弗的节目，以避免受其影响。美国全国广播公司（NBC）《肥伦今夜秀》（The Tonight Show Starring Jimmy Fallon）的主持人吉米·法伦（Jimmy Fallon）也是如此。法伦避开了马赫和奥利弗，以及其他所有新闻类喜剧演员，因为他意识到他的创造力会受到他关注的素材的影响。

即使是我们之前提到的电影制片人兼喜剧迷贾德·阿帕图，他在构思电影时也会避开其他喜剧演员的作品。这不仅是为了消除他人对自己的影响，也是为了保护他的自信心。他在写作时，最不想要的就是好像每件事在这之前都已经被做过了的感觉。

有选择性的忽视，并不意味着什么都不关注，只等着创意降临。它是指要对关注的作品更加挑剔，做到着眼于可以为你的作品服务并可帮助作品实现多样化的信息。这意味着你要青睐经典作品而不是新作品。

我们通常认为，多次翻看相同作品，充其量只能提供有限的价值。如果已经读过一本书或看过一部电影，那么再来一次又有什么意义。这根本不是成功作家该有的态度。事实上，大量获奖作家每年重读旧书的时间要比翻看新书的时间多得多。为什么？因为阅读和重读有不同的益处。

职业作家知道，每次读书，人们的关注点都会改变。第一次阅读一般会以情节为中心。在后来的阅读中，故事情节不会再吸引我们的注意力。我们正是从这里开始着手揭开重要的结构线索和分析作家的写作技巧。也正是这个时候，读者会更加自然地习惯于那些容易被忽视的要素，比如遣词、人物塑造、关键细节等。正如布克奖（Booker Prize）获得者约翰·班维尔（John Banville）所说："我们越是频繁地阅读一部受欢迎的经典，它就越会暴露出更多的秘密。每一次重温，我们都会更加清楚地看到作家的写作技巧，而这些最初我们是看不到的。"

重温经典还有另一个重要作用：它会让我们想起那些过早被时代所抛弃的、等待复苏的成功策略。在当前项目中加入经典作品是重振一个经过验证的模式的另一条卓有成效的路径。音乐家们一直在利用这种策略。像蠢朋克（Daft Punk）和拱廊之火（Arade Fire）这样的乐队经常会借鉴古典音乐、舞厅迪斯科等风格悠久的作品。这既会让他们的新歌取得显著的成功，又会让它们朝着意想不到的方向发展。

思考一下所有因为网络广告的兴起而被搁置的营销战略。以前，企业可能会通过印刷传单、发行黄页广告 ❶ 和播送广播广告来宣传自己。如今，大多数公司都会对这些策略嗤之以鼻，并认为他们的营销资金花在互联网宣传上的作用更大。但并不是每个人都会随大流。很多领域的精明营销者发现，许多所谓过时的广告策略仍旧可以有效地把他们和竞争对手区分开来。

以直邮广告为例。表面上看，设计一个成功的直邮广告既昂贵又费时。你需要雇用一名作家和一名设计师，并通过某种途径获得一份地址列表，然后要支付印刷费和邮费。当你想到电子邮件只会花费这个价格的一小部分时，投资电子邮件看起来似乎是一件更划算的事。但真是这样吗？

让我们来看看这些数字。美国员工平均每天收到 120 多封电子邮件，一周就会收到 840 多封。同一时间段内，员工会在其邮箱中发现多少封纸质邮件？18 封。是的，直接邮寄并不便宜。但它吸引注意力的概率远高于电子邮件，即使

---

❶ 黄页广告就是利用印刷品、光盘、互联网等多种形式为载体进行宣传的一种广告，因最初采用黄色纸张印刷而得名。——译者注

那些电子邮件写得极为周到。

这一现象并没有逃脱包括互联网公司亚马逊、苹果和谷歌在内的那些世界上精明的营销者的注意。当快速传播信息是关键任务时，这些公司依然会继续使用直邮广告。

我们通常认为，进步需要接纳新事物。但有时，你必须向来处寻找才能看到未来。

挖掘被忽略的要素

20世纪50年代后期，罗伊·奥比森（Roy Orbison）的事业毫无进展。他白天写着无人问津的乡村音乐，晚上在廉价酒吧和露天影院寻找临时工作，勉强维持生计。几年前，奥比森的少年国王乐队（the Teen Kings）的作品《奥比嘟比》（*Ooby Dooby*）成为排行榜前100的热门。但这似乎是很久以前的事了。该乐队后来因词曲的版权归属发生了争执，最终解散了。现在，奥比森又回来了，他在音乐行业中不断摸索着，拼命想要维持生计，和等在得克萨斯州敖德萨拥挤的公寓里的妻子和儿子一起生活。

奥比森看起来一点也不像摇滚明星。他害羞、矜持，戴着可乐瓶底般厚厚的双光眼镜。即便如此，奥比森也基本上看不见任何东西。当他走上舞台时，他就一动不动地站着。

差不多在这个时候，奥比森遇到了另一位苦苦挣扎的词曲作者乔·梅尔森（Joe Melson）。梅尔森建议一起写歌。两人迅速聚在一起，共同创作了一首划时代的民谣。这使奥比森的职业生涯有了起色，将他从上不了台面的乡巴佬变为国际上的轰动人物。这首歌就叫《唯有孤寂》(*Only the Lonely*)。

理论上，《唯有孤寂》并没有什么特别之处。连奥比森和梅尔森自己都不相信它会成为热门歌曲，他们甚至试图出售它。他们先把它卖给埃尔维斯·普雷斯利(Elvis Presley)，后来又卖给埃弗利兄弟(Everly Brothers)。然而，当1960年5月奥比森的单曲唱片发行时，观众们反响强烈。那时还籍籍无名的奥比森发现，自己拥有世界上最受欢迎的歌曲之一。

《唯有孤寂》如此与众不同的原因并不在于它的作曲，也不在于它的结构、旋律，或者是歌曲传达的令人心碎却满怀希望的信息，甚至不在于奥比森独特的嗓音(尽管很多唱片制作人已经听过了，但都不屑一顾)，而是在于它的编排(歌曲各部分的组织方式)。

与当时的其他流行歌曲不同，《唯有孤寂》选取了一种通常隐藏在歌曲伴奏的元素，并将其直接放置在显眼的位置，使其成为整首歌的焦点。那个元素是什么？和声。

《唯有孤寂》以一句令人难忘的歌词开头，但这句歌词并不是由奥比森演唱的，而是来自伴唱歌手。

虽然让和声成为歌曲的焦点是奥比森的主意，但真正让它生动起来的却是他的音响师比尔·波特(Bill Porter)。波特没有先录制器乐部分，然后将人声分层，而是尝试了一种不同的方法。他放弃了传统模式，先录制了伴唱歌手近在咫尺的柔和低语。然后，他在他们的声道中混入乐器的声音。这样他们的歌声就不会被掩盖。这种做法的效果令人难忘，并成了奥比森的歌曲的核心特征。

奥比森选取了一种通常隐藏在伴奏中的元素，并将其作为核心特征，以此来区分他的歌曲。奥比森的方法展示了寻找创作技巧的第五条途径：挖掘被忽略的元素，然后提升其地位，使其成为作品的显著特征。

奥比森巧用和声是一个例子。另一个例子是电视节目《宋飞正传》（Seinfeld）。《宋飞正传》与同时代的其他喜剧有很多不同。它有令人难忘的人物角色、纵横交错的故事情节，以及作为主要角色的琐碎小事。

与其他情景喜剧不同，《宋飞正传》抓住了世界上每个人每天都会经历的小烦恼，然后提升其地位，使其成为剧情核心。

一根薯条可以在公共沙拉酱碗中蘸多少次？去卫生间的人是否有义务与隔间的人共用卫生纸？这些都是《宋飞正传》每周按照惯例会讲述的日常琐碎。

通过选取发生在日常生活中的琐事，并将它们作为剧情核心，《宋飞正传》可以创作出一些真正独特的东西。

将被忽视的要素直接展示给公众是许多著名广告运用的方法之一。绝对伏特加（Absolute Vodka）正是通过这种方法从一个鲜为人知的瑞典新品变成世界伏特加的领头羊的。1979 年，当绝对伏特加首次进入世界市场时，它的前景惨淡。在美国，伏特加市场由皇冠伏特加（Smirnoff）和红牌伏特加（Stolichnaya）等带有苏联名字的俄罗斯品牌主导。绝对伏特加好像并没有太多的选择权，但它可以试着从产地上脱颖而出（当时大多数美国人甚至都不知道瑞典生产伏特加，更不用说它的好坏了）。因为要在口味上竞争也会很棘手，伏特加的味道很微妙，即使是最有见识的品酒师也很难区分不同牌子的味道。

那么，绝对伏特加是如何脱颖而出并一跃成为美国伏特加市场榜首的呢？它凸显了藏于伏特加饮用体验背后的、被忽视的一个元素，并提升其地位，使其成为绝对伏特加广告宣传的核心，这个元素就是瓶子的形状。

1980 年，第一版绝对伏特加的广告出现，广告上有一个带光环的绝对伏特加的瓶子，标题是"绝对完美"。之后，绝对伏特加的广告变得越来越抽象，它放弃了呈现完整的瓶身，只保留了瓶子的外形轮廓。这赋予了绝对伏特加创意团队无限的灵活性，让他们可以把瓶子嵌入无数有价值的诱人主题中。

与罗伊·奥比森和《宋飞正传》一样，绝对伏特加凸显自己的方式也是选取一个被认为是伏特加体验中的不重要特征，然后把它变得不仅有价值，而且令人难忘。

绝对伏特加的故事还没有结束。在绝对伏特加首次推出标志性广告宣传活动约十年后，其分销商——进口商卡瑞龙（Carillon）失去了出售绝对伏特加的权利。这一消息给卡瑞龙的总裁米歇尔·卢克斯（Michel Roux）造成了严重打击。卢克斯在打造绝对伏特加的创意攻势方面发挥了重要作用，他亲自聘请了安迪·沃霍尔等艺术家来设计广告，并将绝对伏特加的成功视为他职业生涯中最重要的一项。在该声明执行之前的时间里，他向记者坦言："我养大了这个孩子（绝对伏特加），照顾它，给了它很多温柔的爱。我当然希望它的新父母也能好好照顾它。"

当绝对伏特加放弃卡瑞龙转向更大的分销商时，卢克斯感到不知所措，直到他顿悟：在失去喜爱的品牌后不久，卢克斯突然想到，他可以重新利用绝对伏特加成为美国畅销伏特加的套路。

卢克斯没费多大力气就找到了第一个目标。作为一家全国性的分销商，卡瑞龙手中有很多品牌的烈性酒和酒精饮料。仅两年，他就做好了又一次进击的准备。1986年，卢克斯协助杜松子酒推出了一款时尚、醒目的蓝色瓶子。它迷住了顾客。卢克斯凭一己之力为原本沉寂的杜松子酒市场重新注入了活力。卢克斯的作品被称为孟买蓝宝石金酒。

当弱点成为优势

最终通向新花样的道路往往是偶然间发现的。它是由那些根本不求原创的人推出的一种变体。

2006 年，当已故歌手艾米·怀恩豪斯（Amy Winehouse）和词曲作者马克·容森（Mark Ronson）开始合作时，他们并没有寻求与众不同。相反，他们有意重现 20 世纪 60 年代汽车城（美国底特律）的灵魂乐。

正如容森向美国国家公共电台（NPR）的盖伊·拉兹（Guy Raz）解释的那样："我不知道该如何重现那种音乐风格或那种氛围。在那之前，我从来没有做过这样的事情。但我太迷恋（艾米）了，我想去尝试弄清楚怎么去做。"

怀恩豪斯和容森竭力模仿像诱惑合唱团（Temptations）和至高无上合唱团（Supremes）这样的大名鼎鼎的组合。他们的歌曲中包含了流畅的贝斯线、回声的混响、手鼓顽皮的咔嗒声等元素。容森情不自禁加入的电子节拍，加上怀恩豪斯尖刻、阴郁的歌词，产生的包括《康复》（*Rehab*）、《你知道我不好》（*You Know I'm No Good*）和《退回深渊》（*Back to Black*）在内的经典作品，都是独一无二的。

是什么让怀恩豪斯早期的热门歌曲如此引人注目？

就像我们在本章探索的许多例子一样，它们的魅力也可以用一个简单做法解释：一个带有新奇花样的、经过验证的套路。

烹饪传奇雅克·佩平（Jacques Pépin）注意到烹饪界也有类似模式。虽然佩平写了无数本烹饪书籍，但他认为，印刷的食谱从来都不是完美的，也不可能是完美的。这是因为总有一个不可预测的因素在影响着一道菜的制作，这就是来自厨师的影响。所有的厨师都会把他们独特的经验、偏见带入烹饪过程，无论是否有意，这都会影响他们的菜肴。

佩平职业生涯的大部分时间都在课堂上教学，他注意到厨师们会在课堂上情不自禁地把自己的习惯带进每一道菜中。"我会让 15 个学生做一份沙拉、一份煮土豆和一份烤鸡，并总是对他们说，'你想让我大吃一惊？你想与众不同？请不要这样做。'"

你可能会认为，佩平会力劝学生抑制冲动，认真遵循已被证明的食谱。实际上，他会告诉有抱负的厨师，一份食谱只需要遵循一次，厨师的工作不是复制，而是重新思考和调整。

大概在怀恩豪斯和容森合作创作歌曲的 10 年前，马尔科姆·格拉德威尔离开了《华盛顿邮报》（*Washington Post*），成为《纽约客》（*New Yorker*）的一员。格拉德威尔在播客节目 *Longform* 中回忆道："突然间，你要写的东西比之前写过的任何东西都要长 3~5 倍。我如何能做到尽可能快速而简单地表达一些东西？我如何以需要 6000 字的方式来讲述这个故事？"

起初，他不太确定如何做到这一点。后来，他采取了一种方法。"我的做法是尝试把观点和故事杂糅在一起，因为我不知道如何用其他方式来填补内容的空白之处。我对自己只讲故事的能力没有足够的信心。"这一坦言令人震惊，但许多作家应牢记这一点。格拉德威尔并不是在一开始就是独一无二的。他的独创性是由他写不出典型的《纽约客》故事所直接导致的。他在弥补，而正是这种弥补产生了非凡和创新的内容。

不久前，格拉德威尔出版了一本书，名字是《逆转：弱者如何转败为胜》（ *David and Goliath: Underdogs, Misfits, and the Art of Battling Giants* ）。在书中，他认为事物的优势和劣势可能具有欺骗性。有时候，看似是优势的事物实际上可能是弱点，而看似是劣势的事物实际上可能是优势。

逆向工程可以揭示嵌在格拉德威尔作品中的重要模式，但单纯地再造他的套路是错误的。仅靠模仿很少能成就卓越。只有分析成功的作品，然后添加新花样，我们才能创造出卓越的作品。

第二部分

野心与才华之间的
鸿沟

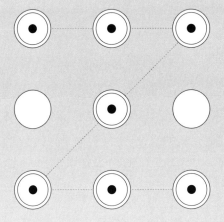

杰出作品的代价

一个经过验证的秘诀无疑是有用的，但它也有代价，那就是人们对它的高期望。

乍一看，这似乎只是一个小小的不便。但在实践中，它完全可能是毁灭性的。正如《美国生活》（*This American Life*）的主演伊拉·格拉斯所说（Ira Glass），"在培养技能时，你的愿景与能力往往存在差距"。

在不断分析你所在领域的成功作品后，愿景与能力间的差距会让人变得担忧起来。毕竟，愿景越大，就越难实现。

更糟糕的是，这个差距永远不会消失。安·帕切特（Ann Patchett）是一位拥有非凡成就的小说家，她获得的文学奖太多，以至于无法一一列举。直到今天，每当要创作一本新书时，她都要与愿景和能力间的差距做斗争。

对于帕切特来说，写作分为三个阶段：构思、拖延和创作。第一个阶段是最幸福的，就像第一次浪漫约会后的清晨，或者收到工作邀请到正式工作间的一个月的空白期。

接下来是一段拖延期。出版了许多书之后，帕切特大脑的一部分预见了创作过程的艰苦，并拒绝开始创作。她会让自己忙于可以分散注意力的事情，忙于假想的优先事项。

最终，写作开始了。随之而来的是灵魂破碎般的失望。她说："从思考到创作的过程非常危险。在这条路上，每个想要写作的人都会迷失方向。"

格拉斯和帕切特都很赞同这一点：拥有清晰愿景的代价是对自己作品的失望。人越追求卓越，就越难忍受平庸。

品位简史

好的品位到底来自哪里？很多证据表明，人类对特定经历有与生俱来的遗传偏好。好的品位涉及的内容要比单纯的偏好更微妙、更复杂。它涉及对使特定物体令人愉悦的元素的敏感性，一种使某些人能够更好地从平凡作品中区分杰出作品的意识。

并不是每个人都赞成好的品位源于基因。一些人认为，经济学可以更好地解释这一点。已故法国社会学家皮埃尔·布尔迪厄（Pierre Bourdieu）认为，社会上层决定了人类认为的有品位的事物。通过接纳独特的事物和体验，富人为大众创造了社会规范。下层阶级接纳这些偏好，暗地里（无意识地）希望效仿富人。

还有人认为品位是对个人生活经历和个人历史的一种反映。这一观点认为，品位是对满足生命中受到阻碍的心理需求的一种尝试。

从这点来看，品位具有启迪作用。最为吸引我们的事物和经历不是任意被决定的，也不是客观上令人愉悦的。它们会告诉我们一些关于我们自身的深刻内容。确切地说，它们暴露了我们的心理欲望。

撇开品位的确切来源不谈，有一件事是可以确定的：培养对触动你的作品的认识，是创作非凡作品的重要前提。

斯特金定律

20世纪50年代，科幻小说家西奥多·斯特金（Theodore Sturgeon）一直冷眼看着文学评论家们把他的作品批得一文不值。他在1958年写了一篇关于自己的评论，这在某种程度上引起了文学界的轰动。

斯特金的观点简明扼要，令人惊讶。他没有反驳，反而同意他们的观点："科幻小说中存在大量垃圾是公认的，这令人遗憾，但这与任何存在垃圾的地方一样自然。"为了强调他的观点，他说："无论什么东西，90%都是无用的。"斯特金的观点被称为"斯特金定律"（Sturgeon's Law）。

显然，90%的估计有点武断和极端，并不是每个人都会同意。但斯特金定律确实在某个方面提供了一个有用数据：它可以作为判断你的品位是否够格的基准，特别是在评估你想要主导的领域的作品时。

在接下来的章节中，我们将会研究大量实用的、基于证据的策略。在这个过程中，我们主要关注三个群体：精英运动员、优秀的企业领导人和创意人才。

从运动员那里，我们将会找到如何充分利用练习的好处，掌握新技能，在紧张条件下执行任务。从优秀的企业领导人那里，我们将会学习如何运用正确的衡量标准，理智冒险，不让一切都处于危险之中。从创意人才那里，我们将会学习如何检验新想法，让周围的人提供更有用的反馈。

第四章

记分板原则

午餐刚过，电话铃就响了。是你妈妈打来的。她刚去看过医生，你可以从她的声音中听出来她很害怕。

最终，她让你陷入一个困境：她的血压飙升，达到高危水平。药物的作用非常有限。她需要快速减肥，然后一直保持下去。

"我马上到。"你抓起外套对她说。

她在家里崩溃了，她需要你。她没有毅力独自做这件事。

你要做的第一件事就是清扫橱柜。蓝莓松饼、黄油爆米花、白面包，你把它们统统塞进垃圾袋里。下一个是冰箱。你简直不敢相信自己的眼睛：意大利腊肠切片、大量冰激凌，还有令人上瘾的芝士蛋糕。你装满第二个袋子。然后是

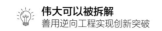
第三个。

倒了几趟垃圾之后，你打开手机，寻找最近的健身房。这时你突然想：健身房很好，但私人教练更好。你给妈妈预约了一个课程，然后又预约了几个。

改变饮食，大量运动。你给你的妈妈一个拥抱，吻了她的额头。你向她保证道："一切都会好起来的。"

一个月后，你在医生的办公室里，坐在你的妈妈的旁边。医生告诉你，她的体重减轻了几磅，血压也有所改善。效果虽然缓慢，但显然是存在的。

你看向你的妈妈。她应该感到骄傲，至少应该有一点如释重负。但你立刻就能看出，她对这两件事都没有感觉。她被吓呆了。所以你说："我们已经调整了她的饮食。她每周锻炼三次。我们还能做些什么吗？"

"有一件事你们可以做。"医生透露道。早期结果表明，它可以加速减肥，减轻压力，防止体重回弹，但要注意适度。

你几乎不情愿地问道："多少钱？"

医生笑了。"不花一分钱，"她一边回答，一边拉开桌子抽屉，"就是这个。"

如何用单一衡量标准建立商业帝国

那么，医生的建议是什么呢？它不是一种医疗程序或实验性药物，也不是一种新的饮食或运动养生法。它是一种简单的练习，是大量高业绩企业的秘密武器。

丽思卡尔顿酒店（Ritz-Carlton）就是一家通过这种方式蓬勃发展的公司。2019年，丽思卡尔顿酒店在君迪公司（J.D. Power）评估的每个类别中都获得了满分。

是什么让丽思卡尔顿酒店如此非凡？古典建筑与现代装饰的结合肯定发挥了一定作用。但当被问及为什么喜欢住在这里时，游客们常会提到另一个因素：杰出的客户服务。

丽思卡尔顿酒店会在顾客生日时准备惊喜的玫瑰花瓣浴，会在需要维修的房间里留下巧克力扳手，会把孩子们忘记带走的毛绒动物邮寄给孩子……丽思卡尔顿酒店究竟是怎样做到如此擅长客户服务的？他们通过不懈追踪衡量业绩的标准、回应明确的要求。请看以下对比。

几点可以办理入住？

下午 4 点。

酒店有咖啡厅吗？

是的，我们有。

我找不到我的护目镜。你有在什么地方见过吗？

对不起。我没有看到。

这些回答绝对正确。但正如所有丽思卡尔顿的员工都会告诉你的那样，他们忽视了宝贵的机会。

解决未言明的需求前，员工首先需要思考顾客为什么会提出这个问题。客人希望解决的潜在困难是什么？从这个角度倾听问题，丽思卡尔顿员工的回答更具同理心，这让他们有别于其他连锁酒店的员工。

几点可以办理入住？

下午4点。请问您的航班会提前到达吗？如果您愿意，我可以帮您安排提前入住。

酒店有咖啡厅吗？

是的，我们有。请问您需要我把菜单用短信发给您吗？

我找不到我的护目镜了。你在什么地方见过吗？

对不起，我没有看到。请问您需要我再给您买一副新的吗？

通过满足未言明的需求，丽思卡尔顿的员工可以让顾客感到惊叹，这有助于产生令人难忘的服务和极高的净推荐值。❶

结果很明显。他们不仅让丽思卡尔顿一直在豪华酒店排行榜上名列前茅，还展示了在特定衡量标准上的投入在多大程度上可以产生非同寻常的结果。

---

❶ 他们还有大量的知名崇拜者，包括史蒂夫·乔布斯。在推出苹果标志性零售店之前，乔布斯建议他的团队去研究丽思卡尔顿酒店。

当我们将行为与衡量标准联系起来时，就会产生强有力的结果。

记分的好处

丽思卡尔顿并不是唯一一家专注于衡量标准的酒店。如今的企业都拥有大量数据。高管们只需点击鼠标，就可以查看每小时的收入和客户需求，市场经理可以追踪网站访问者数量和转化率，人力资源主管可以监控职位申请和员工留任情况。

商界领袖对关键绩效指标（KPI）越来越着迷是有原因的，这不仅是因为它们可以让领导者们更好地把握自己的成果，还因为衡量结果可以带来进步。一旦引入一个衡量标准，我们本能地就会更加关注它，并追求优化。

在开头的故事中，医生最后的建议可能是让母亲尝试节食，并记录每日的食物。凯泽永久医疗集团（Kaiser Permanente）的医疗保健专家进行了一项 1700 人的临床实验。在实验中，节食者被要求记录每餐摄入的确切食物，他们减轻的体重，与那些饮食相同却没有追踪记录食物摄入量的人相比，整整多了一倍。

为什么记录食物有如此深远的影响？这是因为它会促使节食者思考食物的选择，直观地看到自己的卡路里消耗。这不仅可以让他们回顾过去有效的选择，也可以影响未来决策。

我在时间紧张的高管身上也有类似发现。我邀请我指导的客户做的第一个训练就是追踪他们在几个工作日内的时间分配，这样我们就可以客观地了解他们如何度过一周的时间。之后，我们会坐在一起回顾调查结果。结果揭示的内容有很多。

知道你或者你和你的绩效教练之后会分析你的行为，会让你不那么喜欢追求即时奖励，并能帮你做出更明智的长期决定。

在我指导的客户中，有些人已经离开了大型组织转而开始创办小企业。这些客户注意到一个变化：他们从略微厌烦冗长的大型会议，到反感花几个小时与同事交谈。

为什么会有这种变化？因为这些企业家们敏锐地调整了推动企业发展的衡量标准。尽管高效的会议有其价值，但漫无边际的讨论很少能有效促进创新、实施和赢利。

正如风险投资家本·霍洛维茨（Ben Horowitz）在他的书《创业维艰：如何完成比难更难的事》（*The Hard Thing About Hard Things: Building a Business When There Are No Easy Answers*）中指出的那样："衡量标准就是诱因。"当我们看到自己的分数激增时，进步就会变得更加可视化，从而引发我们的满足感和自豪感。相比之下，当看到分数暴跌时，我们就会感到失望、沮丧甚至羞愧。这些情绪波动并不是微不足道的。他们给我们的行动增加了精神动力，引导我们更加努力地追求更高的分数。

简而言之，衡量标准给人动力。它们会带来更好的决策、更高的一致性、更少的干扰和更大的情感投入。这就是记分板原则：衡量结果会带来进步。这就是为什么在任何事情上，无论是减肥、获取新技能还是掌握逆向工程推理出来的套路，取得进步的第一步都要从记分开始。

大脑喜欢数字

有实验研究表明，即使分数与人们的行为毫无关联，总分的增加也会激发人们更加努力。研究人员给这种现象进行了命名：数字驱动。正如实验者所说的那样，即使是"本质上毫无意义的数字"也足以"从战略上改变行为"。

那么，我们如何解释衡量标准对行为的影响？是什么让数字成为如此令人着迷的激励力量的？为什么人类有时候好像被统计数据迷住了呢？

心理需求理论提供了一种解释。几十年的研究表明，不管是什么年龄、性别或文化，人类生来就有3个基本的心理需求：归属需求、自主需求和胜任需求。不断增长的分数可以满足人们的最后一个需求。通过预示进步和证明成就，衡量标准满足了我们对胜任和发展的本能动机。

专攻脑科学的德国生理学教授安德烈亚斯·尼德（Andreas Nieder）花了几十年的时间研究人脑以及动物界其

他物种处理数字的方式。根据尼德的说法，所有动物都有一种根深蒂固的"数字本能"，这种本能可以让它们寻找对其生存繁殖至关重要的数字信息。

在《数字大脑：生物的数字本能》（*A Brain for Numbers: The Biology of the Number Instinct*）一书中，尼德用大量例证来说明数字是如何推动进化成功的。让我们思考一下计数的价值。从生存角度来看，能够区分食物数量的能力保证了我们的祖先把更多注意力放在使生存机会最大化的奖励上。

虚荣指标

进化使我们专注于数字信息，这一事实既给我们带来了机遇，也给我们带来了一些祸患。

人类从来没有被如此多的衡量标准淹没过。它们当中的一些是有价值的，也有一些是没有价值的。普通员工在一个工作日中会遇到大量的数字信息，包括未读的电子邮件、营销数据、股票价格、关注者数量和应用程序通知。在过去，洞悉数字的渴望有助于我们生存。现如今，它会让人分心。

硅谷资深人士、创业专家埃里克·里斯（Eric Ries）在他的著作《精益创业：新创企业的成长思维》（*The Lean Startup: How Today's Entrepreneurs Use Continuous Innovation to Create Radically Successful Businesses*）中描述了一个令人不安的现象，它经常让前途光明的新企业脱离正规，那就是

痴迷于虚荣指标。虚荣指标是指那些容易被放大的数字，它通常会让非专业人士感到兴奋，但它并不代表企业的繁荣。例如，对于大多数非专业人士来说，如果一家企业的年收入达到1亿美元，那很令人钦佩。经验更为丰富的专业人士则会询问公司的管理费用。如果事实证明，这家企业的运营成本每年也是1亿美元，那么它蒸蒸日上的假象就会被打破。

里斯指出，许多互联网企业面临着大量虚荣指标的陷阱。较为常见的罪魁祸首是：痴迷于网站总访问量（而不是关注网站转化率或销售额）、增加的用户数量（而不是增加的付费客户数量）和用户增长的最大值（什么情况下活跃用户或重复用户更有价值）。从里斯的角度来看，优化错误的衡量标准不仅是无用功，还可能毁掉一个企业。

任何吸引你注意力但对你的健康、幸福或事业没有贡献的衡量标准最终都会分散你的注意力。我们对虚荣指标的关注越多，对重要活动的关注就越少。

我们对衡量标准的痴迷表明，任何我们不断衡量的东西都会受到更多的关注。

运动员如何利用衡量标准发现机会

2016年，罗杰·费德勒（Roger Federer）的网球职业生涯临近结束。

费德勒在近20年的时间里获得的战绩令人惊叹。他赢得了 1000 多场比赛，获得了 17 个大满贯奖杯，并且连续 237 周轻松赢得职业网球协会球员排行榜第一名。这一时间跨度令人难以置信。

但后来，他开始在比赛中失利，这几乎令人费解。这种下降的幅度很微小。有一天，他罕见地出现了两次发球失误。接下来，一连串的失误接踵而至。直落三局的胜利不再频繁，不久之后，胜利也不再是必然。

评论员们开始公开探讨一个敏感话题：罗杰是不是该把他的网球鞋束之高阁了？

就在这个时期，意外发生了。费德勒当时正在浴室里为他的双胞胎女儿洗澡。他转身转得有点快。然后就是"砰"的一声，短促而意外。几个小时后，他躺在医院的病床上，左膝肿得吓人。医生为他安排了紧急核磁共振检查，结果很严重。他的半月板（嵌在胫骨和股骨之间的软骨）撕裂了。他需要进行紧急关节镜手术，然后是数周的高强度康复训练。复出的时间完全不确定。

术后的那几天是费德勒一生中最艰难的日子。他以前从未受过重伤，更不用说接受手术了。被迫退役的未来隐约可见。"（我）实际上很情绪化，"多年后他承认，"我低头看着我的脚，明白这条腿（或膝盖）也许永远都不会正常了。"

如果你碰巧是一名业余的网球评论员，那么你就会知道这并不是费德勒杰出的职业生涯的终点。它反而揭开了其历史性的和史无前例的第二幕。

他曾试图快速重返球场，但在这次短暂且不明智的尝试后，费德勒给了自己整整 6 个月的恢复时间。在那段时间里，他不仅在进行康复训练和休息，也自上而下地分析了自己的比赛，并与教练密切合作，找出需要改进的地方。

2017 年 1 月，当费德勒重返网坛时，评论员对他的期望并不高。新闻报道对他不屑一顾，认为他是一位"老牌政治家"，是网球"元老级"的代表。没人料到他会一举夺得澳大利亚网球公开赛冠军，更不用说他是击败了以前从未在大满贯决赛中击败过的对手——他的宿敌拉斐尔·纳达尔（Rafael Nadal），从而赢得了整个比赛。

费德勒在 2017 年澳大利亚网球公开赛的胜利不是昙花一现。是什么改变了费德勒？答案再一次在衡量标准中揭晓。

当看到他在 2017 年澳大利亚网球公开赛决赛对阵纳达尔比赛中的表现时，你会发现：费德勒反手击球获胜的次数变多。别忘了，费德勒的弱点是反手击球。你让他打得次数越多，你获胜的机会就越大。然而，不知为何，费德勒在对阵纳达尔的比赛中取得了 14 次反手击球的制胜分，这比上次在同一球场上比赛时提高了 350%。费德勒已经把最大的弱点变成了主要优势。他是怎么做到的？他对自己的击球动作做了 3 个关键调整。首先，他提前了反手击球的时间。其次，他挥舞球拍的力量明显比过去更大，球速也更快。最后，他把球打得更平了，这加快了他击球的节奏，留给对手

的反应时间变少了。

我们知道这一切是因为他对大量网球比赛进行了分析。职业体育协会每场比赛都会收集海量数据，像费德勒这样的球员可以找出需要在比赛中改进的地方。

这与绝大多数职业形成了鲜明的对比。因为在大多数工作场所，很少有人会有规律地监控自己的行为。如果你询问普通高管，他们在今天的电话会议上的表现与去年相比如何，他们很难回答。人们一天中有多少时间是用来回复电子邮件的？没人知道。与几年前相比，你本周向客户展示业务的情况如何？对于大多数工作者来说，这是一个谜。

然而，我们可以坚定地相信，在工作中运用绩效指标可能比在体育中更有价值。这是因为在工作中，我们的目标在不断变化。这种多样性使工作变得有趣，但这也很容易让人脱离正轨，或把消磨时间的工作误当作生产率。

设计自己的记分板

费德勒在 35 岁时的复出出人意料。它说明了衡量标准可以产生改变游戏规则的作用。

费德勒团队用来扭转局面的标准起到了决定性作用，它们把漫长而复杂的比赛分解为不同类别的行为。这使费德勒的团队能够逐个评估他在比赛中的每个动作。通过分解关键动作（包括他的发球、正手球、反手球、高压球、网前分），他们能够找出他独有的弱点，并制订补救计划。

我们在衡量自己在任何渴望成功的领域里的表现时，也有必要采用类似的方法。为了有效利用衡量标准，我们不仅需要关于表现的总体反馈，还需要数据来测量关键行为，以便知晓自己哪里表现得很好、哪里有改进的潜力。

你应该衡量什么？值得监测的对象取决于你的任务的性质、你的技能水平和最终目标。以下 3 种方法值得借鉴。

第一种方法，你需要将一个活动分解成多个子技能。就像网球比赛由多个不同的击球类型组成一样，大多数智力活动都可以被分解成几个不同类别的技能。例如，假设你的工作需要向新的潜在客户推销你的公司，而且你想制定衡量标准来追踪你的表现，当你在会面的过程中讲话时，有几个子技能在发挥作用，它们分别是记忆、演讲、肢体语言、仪态。每一种都代表着不同的能力，把它们结合在一起后，你的推销就会令人信服。记录你的表现并对这些要素进行单独评分，会让你清楚地知道你哪里表现得好、哪里需要改进。

第二种方法，要具备特定技能，并基于它建立标准。撰写报告、文章或客户邮件就是有用的例证。在这 3 个案例中，写作是主要技能。但我们可以制定衡量标准，以帮助我们评估文章质量。

第三种方法，跳出某一特定任务的范畴，主要用来评估你在特定时间内的整体表现。

高级领导者教练马歇尔·戈德史密斯（Marshall Goldsmith）

信奉这一方法。作为一名多产的作家和教练，他坚持让所有客户找出理想的自己，然后倒推出最好的自己会定期实施的具体行为。然后，让他们每天为自己的每种行为进行评分。戈德史密斯甚至把这种方法用在自己身上。每晚在睡前，他的助手都会打来电话，念出一系列问题。他发现，让另一个人发问（具有问责的性质），可以确保他会坚持到底。

戈德史密斯追踪了 36 个项目，范围从与工作相关的任务（写作、客户登记的时间），到健康和卫生（锻炼、服用维生素的时间），再到对他人表现出友善和同理心（称赞自己的妻子或为她做一些好事）。

戈德史密斯的日常问题为大名鼎鼎的创新者本杰明·富兰克林的行为提供了一种新解释。富兰克林并不一直是今天我们许多人印象中的杰出人物。在 20 岁出头的时候，他以酗酒和爱八卦的臭名著称。富兰克林非常清楚自己的个人缺陷。为了弥补缺陷，他列出了一系列美德，希望通过自我报告的方式将这些美德"灌输"到自己的性格中。

富兰克林每日追踪的内容出现在他 1791 年的自传中。鉴于他已知的不良习惯，我们很容易明白为什么某些美德会出现在他的清单上。这些美德代表了他想要改变的习惯的对立面。排在清单首位的是节制欲望，其次是沉默是金，然后是保持贞洁。

富兰克林的清单包含了 13 种美德。每天晚上，他都会拿出日记，回顾一遍清单，列出当天没有做到的美德。

戈德史密斯和富兰克林利用相同的方法追求截然不同的目标。戈德史密斯的方法旨在优化他作为高级领导者教练和配偶的表现，而富兰克林选择的美德则是为了重塑他的个人性格。

在球类运动中，要想获胜，球员必须积累分数。在现实生活中，通往成功的道路无限。获胜的第一步就是弄清楚你最开始想要得到的"分数"。

用记分板提升个人水平

设定衡量标准并对自己的表现进行自我评分，我们无须等待他人的建议就可以获得及时反馈。这点很重要。因为无论你是在努力进行令人信服的推销、撰写一封有效的电子邮件，还是执行通过逆向工程得出的套路，定期收到表现反馈都是你成功的关键因素。

拥有一套预先明确的衡量标准可以让你的思考更具战略性。一旦你明确了成功的标准，你就可以用这些标准做更多的事，而不仅仅是用来回顾和评估自己的表现。

厨师丹尼尔·赫姆（Daniel Humm）是曼哈顿最有名的餐厅之一麦迪逊公园 11 号餐厅的合伙人。他在构建菜单时就采用了这种方法。大多数餐厅都满足于菜单上厨师认为好吃的菜肴。但麦迪逊公园 11 号餐厅不是这样。赫姆制定了一套标准来决定一道菜是否值得做。一道菜要想出现在麦迪逊公园 11 号餐厅的菜单上，它必须同时兼具美味、创意和美观。只有这样，赫姆才认为它值得制作。

在回顾一道制作完成的菜肴时，赫姆的 3 个基本原则（美味、创意和美观）不仅可以作为衡量标准，也可以评估和筛选出有可能被制作的菜肴。这个道理同样适用于任何其他的创造性努力。

当我第一次听说赫姆的方法时，我发现它与我为媒体撰写文章的方式相似度很高，我对此感到震惊。作为一名作家，我会对想法进行筛选，以确定它们是否配得上一篇 800 字的文章。具体地说，一个潜在的想法必须符合 4 个基本原则，才会让我认为它值得去写。它必须要：与工作有关；基于科学；拥有可操作的要点；让读者感觉读了它之后有启发。任何不能满足这些原则的想法都会很快被放弃。这个标准既确保了我创作的内容有价值，又避免了我去做无用功。

衡量标准通过揭露领先指标，有助于揭示引领成功的隐藏模式。

领先指标是一种衡量标准，虽然它可以提前预测重要结果，但结果仍然可能会有变化。相比之下，滞后指标反映的是结果确定后的最终答案。

假设你辞去了白天的工作，去追逐销售手工蜡烛的梦想。你的目标是在第一年内达到你目前的年薪。有很多因素会决定你在未来的 12 个月内能否成功。它们包括一周平均制作的蜡烛数量、电子商务网站的受欢迎度，以及在街头节日和跳蚤市场等现场活动中你的摊位被光顾的频率。这些因素中的任何一个都不能单独告诉你，你最终是否会赚到与目前工资相当的钱。它们能做的就是在年底前帮助你追踪赢利的驱动因素。

在这个例子中，你的年薪是滞后指标，是你试图实现的结果。生产速度、网站流量和活动的上座率是领先指标，是你认为可以实现预期结果的因素。

乍一看，领先指标和滞后指标看起来像是深奥的商业术语。但不是的。事实上，它们之间的区别代表了预先收集衡量标准的最令人信服的理由之一。

通过收集我们希望实现的结果的数据，我们可以开始确认成功的重要领先指标或驱动因素。这些见解可能会改变游戏规则。一旦知道哪些领先指标可以预测成功，你就可以关注它们了。

假设你的目标是在维持日常工作的同时，在晚上和周末发展副业。为了让梦想成为现实，你需要制定一套衡量标准来追踪你的每一天：每天你在发展业务上花费的时间，以及在睡眠、锻炼和吃饭等各种日常习惯上花费的时间。

在收集了一个月的数据之后，你可能会发现什么？很多。例如，你可能会发现，当你睡了 7 个小时或更长时间、午餐前慢跑 15 分钟，以及午餐避免摄入超过 800 卡路里的热量时，你用来处理工作的精力更多。这 3 个数据点都代表着成功一天的领先指标，我们可以通过仔细规划来有意

制定。

工作效率专家卡尔·纽波特（Cal Newport）确定了自己的领先指标：连续专注的小时数。纽波特会在一张纸上手动记录这些时间，因为他发现，衡量他个人表现最有力的指标之一是不受干扰地工作的能力。他承认，让分数可见还有另一个好处："分数低会令人尴尬，这就会激励人们努力地抽出更多时间来集中精力。"

归根结底，寻找领先指标就是寻找可控的成功的先行因素。你越擅长找出推动预期结果的可控行为，你提升表现和实现目标的机会就越大。

这一切都始于一项活动：追踪你的衡量标准。

制作有效个人记分板的 3 个秘诀

让我们把注意力转向一些最佳做法上，以避免具有反作用的衡量标准，并设计出可能的最佳记分板。

1. 收集多个衡量标准

富国银行犯了一个致命的错误，那就是只选了一个衡量标准。任何时候，只要你把重点放在一个数字上（销售额、点赞量、满足的需求量），你就增加了牺牲其他关键因素来优化这个数字的可能性。

2. 在收集的衡量标准类型中实现平衡

关于平衡的第一个例子是追踪行为和结果的组合。对于一些人来说，只关注行为是一种诱惑，因为行为是可控的，而结果在许多情况下不可控。这是错误的。找到领先指标的唯一方法就是记录行为和结果，然后反推找出隐藏的驱动因素。

平衡的第二个例子与时间架构有关。理想的记分板能同时反映短期效益和长期效益。对于实现周期长的目标来说，这一点尤为重要。当一个项目需要几周甚至几年的时间才能实现时，人们很容易灰心。衡量短期效益更容易感受到进步，这可以保持我们的动力，让扩展项目感觉更易实现。

第三个关于平衡的例子是要同时收集理想衡量标准和不良衡量标准。仅追踪积极的行为和结果是不够的。理想的记分板既要包括我们希望促进的指标，也要包括我们需要削弱的指标。

当不良标准不仅仅能反映预期结果对立面的时候，它们就特别有价值。如果使用得当，它们就会揭示可以改进表现的特定方面的新信息。例如，在高端餐厅中，许多厨师在每道菜后都会追踪顾客盘子里剩下的食物。这样可以帮助他们确定一道菜中的哪些要素不太成功。通过追踪无效要素，他们会对可以改进的地方有新见解。

不良标准的另一个重要功能是，它可以作为防护措施，在理想标准的影响过大时提醒我们。英特尔（Intel）前首席执行官安迪·葛洛夫（Andy Grove）是衡量标准的开拓者。他量化绩效的方法影响了一代硅谷领导人。他认为每个衡量

标准都可能有反面的效果。人们认为葛洛夫提出了一个重要
观点："每个衡量标准都应该有一个'配对'的标准，以应
对第一个衡量标准的消极后果。"

衡量标准是有力的激励因素。因此，如果你要设立一个
记分板，你需要先问一问自己：如果我在这方面太成功了怎
么办？通过预测理想标准的消极后果，你可以制定另一个相
匹配的衡量标准，以防忽视大局。

如果富国银行听从了葛洛夫的建议，它本可以从中受
益。我们回过头来，很容易看出这家金融巨头本可以通过调
整来避开法律和财务上的灾祸。他们只需要把寻求增长的理
想衡量标准（客户的平均账户数量）与需要削弱的不良标准
（感到来自富国银行销售人员的压力的客户数量）相匹配，
就能很容易地发现他们咄咄逼人的做法会造成严重损失。

3. 极佳做法是不时改进你的衡量标准，而不是盲目地遵
循过时套路

随着技能的改善，值得监测的标准必然会发生变化。一
些衡量标准将不再会从追踪中受益，我们应该增添新的、值
得追踪的行为和结果。与其将记分板视为固定基准，不如将
其作为一种可延展的工具，以适应不断改进的技能和目标。

通常情况下，使用记分板的最大收益出现在我们开始追
踪和反思行为和结果的时候。改进记分板不仅能确保我们追
踪的衡量标准与当前目标相一致，还有助于重新激发我们的
兴趣。

你应该多久更新一次衡量标准？答案不尽相同。这取决于你自己、你正在努力实现的特定任务以及你所在行业的发展速度。

无论更新目标的频率如何，你都有可能通过衡量标准来提升自我。

第五章

如何降低风险

阅读非小说类书籍的众多乐趣之一是碰到离奇且令人惊讶的冷知识。让我们开门见山吧。这里有 3 个关于食物的有趣真相：

- 甜甜圈之所以中间有一个洞，是为了去掉中间未煮熟的部分。

- 三明治是一位赌徒偶然间发明的。1762 年，他要求把烤牛肉夹在两片面包中间，这样他可以用一只手吃东西，以便继续赌博。

- 在 1904 年的圣路易斯世界博览会（St. Louis World's Fair）上，一名冰激凌小贩的碗用光了。这位思维敏捷的小贩很幸运。他的隔壁摊位上站着一位正在卖一种薄脆糕点的叙利亚厨师。他欣然同意把糕点卷成圆锥形。他们几乎不知道，他们自发的合作会在全球掀起一场美食热潮。

现在让我问你一个问题：一年后，你记住这些事实的可能性有多大？

有很多因素可能会影响到你的记忆。在评估回忆这些事实的可能性时，你可能不会考虑一个因素，那就是它们印刷时使用的字体。

如果你与大多数人一样，那你可能会觉得，像字体这样无关紧要的东西会影响你一年后的记忆的想法很荒谬。然而，研究表明，它的影响很大。为什么？因为它增加了理解一段文本所需的脑力劳动。

2010 年，普林斯顿大学的心理学家丹尼尔·奥本海默（Daniel Oppenheimer）和他的团队将学生带进实验室，让他们学习一个虚构的物种。参与实验的人要么收到易读的、用大字体打印的材料，要么收到较小的、用灰色字体打印的材料。

两组参与者都收到了 90 秒的阅读材料，然后实验者要求他们去做一项无关的任务，以减少材料中的信息占据的注意力。15 分钟后，奥本海默的团队测试了学生的记忆。结果令人震惊：易读字体组学生的犯错次数是难读字体组学生的两倍多。

后来，奥本海默招募了在一个学期同时教授多个班级的高中教师，在现实中重复了这一实验。他们要求老师们给一个班级清晰易读的笔记，给另一个班级的笔记内容相同，但字体模糊，难以阅读。这次测试的内容包括英语、物理、历史和化学等在内的课程，结果显示：必须高度集中注意力去处理材料的学生表现得更好。

这些在教室里得到的实验结果让奥本海默对其他在日常生活中的学习感到好奇，特别是在会议和演讲中的学习。现如今，大多数人都用笔记本电脑和平板快速做笔记，很少使用笔和纸。那么，在设备上做笔记会有负面影响吗？为了找到答案，奥本海默进行了一项新研究。结果发现我们更擅长理解手写的信息。

奥本海默的研究证明，增加努力程度会带来更深层次的学习。教育家罗伯特·A. 比约克（Robert A. Bjork）针对这种现象提出必要难度理论❶。在过去的 50 年里，比约克进行了大量研究，阐明了有助于持续学习的因素。他的结论很明确，那就是，当面临的挑战超出现有能力极限时，我们学得最好。

---

❶ 研究发现，某些使学习者在学习时习得速度较为迅速的学习方式或策略，往往无法实现学习内容的长效保持和迁移，而那些在学习过程中对学习者形成一定挑战，甚至延缓学习速率的学习方式或策略却能使学习内容得到较好的保持和迁移。基于此，比约克提出有效学习需要"必要难度"的思想。——译者注

必要难度理论的观点不仅仅适用于教育领域。

体育运动中也有类似的发现。世界级运动员不是通过停留在舒适区来获得新技能的。他们在能力的上限进行训练，勇于实验，甘愿失败，以此来获得新技能。

就在我写这篇文章的时候，国际体操联合会正面临着修改其评分准则的巨大压力。原因很简单，就是因为西蒙·拜尔斯（Simone Biles）。多年来，这位四届奥运会金牌得主的表现一直与其竞争对手不同。2019 年，她在美国体操锦标赛上创纪录的踺子后手翻转体 180° 直体前空翻转体 720°，是人类历史上的第一次。这一动作的实施难度如此之大，以至于现行规则下的最高分数未能完全体现其难度。

显然，拜尔斯是一名有天赋的运动员。然而，如果不是对挑战的强烈渴望以及接纳风险的意愿，她也不可能实现非凡成就。她不是依靠天赋来不断获得新技能的，而是通过测试自己的能力上限。

成功的企业了解失败

总而言之，成长需要压力。适度的困难对身心的发展至关重要。

老师们知道这一点。健美运动员知道这一点。运动员们知道这一点。

在什么地方拓展极限并尝试新技术最具挑战性？职场。

矛盾的是，在这里，培养技能可以说是最为重要的，但也是最难开展的。

为什么在工作中学习如此困难？

这是因为职场中失败的代价往往是巨大的。大多数经理几乎不能容忍错误。体育、音乐和教育领域存在着一种合理认识，即学习是通过试验和反馈产生的，然而，职场与此不同，它需要即时、可靠的结果。

职场不原谅失败。人们每天都在竞赛。毕竟，很多企业的目的是优化效率，而不是员工的成长。组织实现效率的一种方式是要求员工重复进行相同的任务。员工越频繁地重复任务，他们的速度就越快，组织就越有效率。

虽然专注于效率有其优势，但它不利于学习。正如西蒙·拜尔斯的例子所证明的那样，我们不是通过简单的重复来学习的，而是通过尝试舒适区外的一些困难、观察其结果并做出调整实现的。学习就是这样发生的。当理智冒险的机会被剥夺时，我们获得新技能的可能性就会减少。

即使我们设法忍受了失败的可能性，并确定了一个值得承担的明智风险，但在职场中学习还有另一个重要的障碍，那就是缺乏一致、详细且即时的反馈。西蒙·拜尔斯可以即时了解一次新的大胆跳跃是否成功。她不需要等待年度绩效评估，不需要聘请高级教练，也不需要与经理进行尴尬的对话。获得不间断反馈的途径是无价的。这使她能够迅速从自己的经历中吸取经验，并以大多数职员无法做到的方式做出可靠调整。这就是为什么，无论组织领导人多么致力于帮助员工成长，现代职场中的现实还是让他们很难做到这一点。

在职场中很难进行冒险和获得反馈的事实颇具讽刺意味。毕竟，成功的组织会承担巨大的风险，并不断适应市场的反馈。出色的公司会像西蒙·拜尔斯一样不断努力，通过接受新挑战来实现成长。它们会把赌注押在新产品上，进入新市场，并在没有回报保证的情况下投资研发。它们之所以承担这些风险，是因为它们知道，这是生意兴旺的可靠途径之一。

在接下来的内容中，我们会确切了解它们是如何做到这一点的。我们会探索企业用来削弱风险的 4 种主要方法。在此过程中，我们会学习如何在生活中应用技巧，以接受更多挑战，克服困难，缩小当前能力与最终愿景间的差距。

测试受众的惊人力量

供应方是美国通用电气的心电图仪库（心电图仪是检测心脏病的重要工具），需求方是世界上心脏病患者最多的国家——印度。冠心病是人类死亡的主要威胁之一，20 世纪 90 年代初，近 2/3 的心脏病患者居住在印度。

这一商业模式非常完美。除了一个令人费解的问题，那就是通用电气的机器卖不出去。

在通用电气总部，人们提出的问题越来越多：到底发生了什么？（仪器的销量在全球范围内都在上升，但不知为何，在最需要心电图仪的印度，销量却近乎为零。）是市场营销的问题，还是产品的问题？有没有其他治疗心脏病的方法？

通用电气公司对此感到困惑，它的研究团队做了一些调查。他们的发现改变了通用电气以及其他众多全球性企业今天开发产品的方式。

结果显示，通用电气机器的销售存在几个问题，其中最重要的是 2 万美元的标价。在印度，2 万美元是笔巨款，足以让一家医疗机构雇佣一批全职员工。对美国的紧急护理机构来说，这可能只是一笔零花钱，但大多数印度医院却根本负担不起。

还有一个更重要的问题，那就是印度医生担心这台机器太重了。起初，这一反馈让通用电气感到奇怪。确实，标准的心电图仪很重，约 30 千克。但它们是为了放在医生的办公室里设计的。这些印度医生究竟打算用他们做什么？

在美国，患者通常会去医生办公室，而印度医生则是把大部分时间都花在了探望交通不便的农村患者的路上。对印度医生来说，通用电气的设备只是理论上有用。他们需要的是一种既买得起又方便在村庄间运输，而且不会有受伤风险的设备。

几年后，通用电气给出了一个解决方案：一种由电池供电的 7 磅重的心电图仪。它配有一个手柄，这样方便随身携带，售价只有原价的 1/4——500 美元，这在很大程度上让通用电气最终打入了印度市场。通用电气没有想到的是，他们的便携设备不仅在印度销售量良好，在包括美国在内的所有地方都有不错的销售业绩。美国的急救人员和体育医疗队热情地接受了它，因为他们经常需要在医疗诊所之外进行紧急治疗。

心电图仪的经历给通用电气上了重要的一课。

一个更聪明的选择是对标准做法置之不理。他们称之为反向创新❶（reverse innovation）。发展中国家的要求更加严格，测试成本也更低。专门为这些国家设计和创造产品，也可能产生同样适合于工业化市场的解决方案。

今天，反向创新已成为一种开发产品的方法，从通用电气扩展到了可口可乐（Coca-Cola）、微软、雀巢（Nestlé）、宝洁（P & G）、百事可乐（Pepsi）、雷诺（Renault）、约翰迪尔（John Deere）和李维斯（Levi's）等品牌。通过在新兴市场测试新想法，企业能够从比最终目标更难吸引的群体中收集到快速的反馈。

不仅大公司在使用这种方法，艺人、演说家和政客也在使用。大约 10 年前，我参观了纽约市的一家喜剧俱乐部，

---

❶ 反向创新是指一种与"全球化"加"本土化"相反的商业和创新模式。"反向创新"模式是企业将研发重点放在中国等发展中国家，并利用其在全球的丰富资源和经验为当地市场需求研发产品、服务和技术。相关技术和产品在当地市场成熟并获得成功后，反向推广到国际市场和发达国家市场。——译者注

该俱乐部以知名喜剧演员的惊喜亮相而闻名。当时上台的是
《公园与游憩》（*Parks and Recreation*）的演员阿兹·安萨里
（Aziz Ansari）。安萨里手拿麦克风，从夹克口袋里掏出一沓
手写的笑话，把它们放在一张木凳上。在接下来的 15 分钟
里，他开始朗读他的笔记，他的笑话引起了强烈反响。几年
后，我在他的《现代罗曼史》（*Modern Romance*）中看到了
许多相同的笑话。

安萨里把喜剧俱乐部当作新素材试验场的做法在喜剧演
员中由来已久。彼得·西姆斯（Peter Sims）在《小赌注：突
破性想法如何从小发现中涌现》（*Little Bets: How Breakthrough
Ideas Emerge from Small Discoveries*）一书中，讲述了克里
斯·洛克（Chris Rock）在大型演出之前会例行在新泽西的
小型喜剧俱乐部中巡演。与测试新产品的公司一样，洛克利
用观众的反馈来帮助他在高风险的表演前对素材进行调整。

预先在低风险受众中测试素材的机会存在于每个行业
中。早在金克拉（Zig Ziglar）成为第一批国际公认的励志大
师之前，他只是南卡罗来纳州的一名苦苦挣扎的、渴望进入
演讲圈的厨具推销员。为了在众多观众面前获得经验，调整
自己的基调，他接受了所有可能的演讲邀请。金克拉把这些
早期活动视为他的喜剧俱乐部。

政治候选人会用类似方法来打磨他们在舞台上的表现，
完善他们的巡回演讲。他们绝大多数的演讲，特别是在候选
早期，都是在老年中心、路边的小饭馆和美国海外退伍军人

协会大厅中进行的。通过这些频繁的、低风险的演讲，政客们发现了让选民们点头的成功措辞和共鸣主题。

在这些例子中，改进的关键是从小部分人中收集反馈，将风险降至最低，以及采纳建议以不断调整。对于演讲者和艺人来说，现场表演显然是必须做的。如今有了互联网，我们甚至都不需要离开家就能获得反馈。

1989 年，斯科特·亚当斯（Scott Adams）加入漫画辛迪加 ❶ 的几年里，逐渐开始在漫画的空白处加入他的电子邮件地址，以供那些喜欢分享反馈的人使用。通过这些邮件，他发现那些发生在办公室里的漫画引起的反响巨大。因此他调整了自己的方法，把漫画的重点放在了职场上，这让《呆伯特》（Dilbert）名声大噪。

通过添加电子邮件地址，亚当斯可以打开与观众沟通的渠道，从而获得让漫画更成功的反馈。网络社会评估受众的反应从来没有这样容易过。

喜剧演员兼《每日秀》（Daily Show）的共同创作者丽兹·温斯特德（Lizz Winstead）正是这样使用推特的。温斯特德每天都会在这个平台上多次分享轶事和笑话。她不仅在培养自己的粉丝，还在测试素材。点赞量和转发量最多的推

---

❶ 辛迪加原义是"工会"。辛迪加是资本主义垄断组织的一种基本形式，它是指同一生产部门的少数大企业为了获取高额利润，通过签订共同销售产品和采购原料的协定而建立起来的垄断组织。——译者注

文是那些她在喜剧中详细叙述的内容。温斯特德使用推特的方式，与安萨里使用喜剧俱乐部的方式、金克拉使用商会的方式，以及政客使用意大利面餐馆的方式一样，那就是收集低风险人群的反馈并进行相应调整。

使用互联网收集反馈并不仅限于那些拥有受众基础的人。如今，寻找原创内容的专业渠道并不缺乏，这让创作者有机会判断部分观众的反应。

《呆伯特》大火后几年，另一位叫杰夫·金尼（Jeff Kinney）的新手漫画家正在思考放弃他对辛迪加的野心。多年来，金尼一直在努力进入报纸市场，但被拒绝了。他抱着试一试的心态，将自己的作品样本提交给一家专业儿童教育网站FunBrain，以判断他的漫画是否会引起年轻观众的共鸣。对于金尼对中学的描述，观众们不仅回应积极，还快速形成了一个读者群，这给了他去动漫展寻找出版商的信心。不到一年后，金尼在网上提交的漫画就被改编成了名为《小屁孩日记》（Diary of a Wimpy Kid）的丛书，销量超过2亿册，并被翻译成54种语言。

通过网络媒体测试素材的一个主要好处是，网络媒体经常将新手作家与经验丰富的编辑相配对，后者可以在作品出版前就给前者提供初步反馈。畅销书作家阿图尔·加万德（Atul Gawande）认为他能成为一名作家，应该归功于其网络编辑的认真校订。20世纪90年代末，加万德正在哈佛大学担任外科住院医生，一位朋友恳求他为自己刚建立的网站写一两篇文章。这本名为《石板》（*Slate*）的新杂志前景未明，正在努力招募投稿人。加万德愿意试一试。现在回想起来，他说，正是这种不断收到反馈的经历，激发了他写作的灵感。

并不是每个人都有时间或意愿在网上发布作品。也没人能保证，一篇网络作品的反馈是否会对创作者有足够的指导意义，从而帮助其做出调整。正是由于这个原因，现如今许多企业家通过使用付费广告来测试素材并获得即时反馈。

作家蒂姆·费里斯（Tim Ferriss）30 岁出头的时候，写了第一本书。书的内容部分是成长回忆录，部分是商业自动化的指南，部分是自由宣言。事实证明，给它命名很棘手。

在列出了一系列选项后，费里斯陷入了困境。哪一个最好呢？

与漫画家斯科特·亚当斯或喜剧演员丽兹·温斯特德不同，未出版过书的费里斯没有足够的受众。他想到了一个主意。他创建了一个谷歌广告关键字活动，以测试哪个书名的点击量最多。这项实验大约花了 200 美元。不到一周的时间，他就找到了赢家——《每周工作 4 小时》（*The 4-Hour Workweek*）。

费里斯的方法应用范围很广，远超图书行业。如今，谷歌和脸书（Facebook）等网络平台让任何人都能以有限预算接触到目标受众，并迅速获得某一想法吸引力的反馈。

多数情况下，网络观众对创作者并不熟悉，所以获得他们的注意和赞扬很难。与在新兴市场销售产品一样，它的门槛更高，这意味着当一个想法开始获得关注的时候，它更有可能引起受众的共鸣。

付费广告也可以用来邀请观众与网站互动、观看视频或参加现场演示。

我们生活在一个反馈的黄金时代。从少量受众那里收集即时、低风险反馈的机会从未像现在这样大。测试的受众无处不在。问题不是要不要测试，而是为什么不测试更多？

你需要化名

午夜前，警察们看起来很惊慌。

在所有可能发生违法暴乱的城市中，冷清古板的马萨诸塞州伍斯特市不值一提。然而就在那里，伍斯特市的 17 名值班警察，在大雨倾泻之时，正奋力控制将近 4000 名闹事民众。

一辆面包车停了下来，激起了人群的狂热之情。车中有一支即将登上伍斯特小而破旧的摇滚俱乐部——摩根爵士湾舞台的乐队。他们自称为蟑螂乐队。

只是现在，消息已经传出。伍斯特的每个人都知道了。"蟑螂乐队"是世界上最著名的乐队之一所使用的一个化名。根本没有蟑螂乐队。那是米克·贾格尔（Mick Jagger）和滚石乐队（the Rolling Stones），他们即将在 300 名极度幸运的歌迷面前表演。

那年是 1981 年，滚石乐队的策略最终被识破了。多年来，他们一直在这么做。在长时间的休息后或在大型巡演前，他们都会使用化名演出，以让他们有机会在现场观众们面前练习，而不必承受完美表演的压力。

像滚石乐队那样以化名行事的做法，是将冒险风险最小化的第二种方法。事实证明，这在商界也非常普遍。

以总部位于旧金山的服装零售商盖璞（Gap）为例。盖璞针对不同的受众有不同的子品牌。它没有冒险去吸引顾客，而是用老海军（Old Navy）吸引寻求性价比的顾客，用香蕉共和国（Banana Republic）向更富裕的顾客销售产品，利用阿斯莱塔（Athleta）吸引购买运动服装的顾客。很多人都听说过老海军、香蕉共和国和阿斯莱塔。这些都是成功的品牌。很少有人会记得其他盖璞试图打入消费者市场的失败尝试。这些子品牌在推出后不久就被悄然放弃了。

开发子品牌只是公司使用化名经营的一种方法。另一种做法是开创自有品牌。

塔吉特旗下的自有品牌数量惊人——36 个，从杂货品牌到服装品牌，再到卫浴产品。与盖璞一样，拥有大量品牌可以将塔吉特的风险降至最低。建立多个自有品牌的另一个好处是：用这些品牌的产品填满货架会让店铺看起来琳琅满目，但实际上它们只有商标在改变。

不仅仅零售商会创立新品牌，知名品牌也经常会创立新品牌来隐藏身份，特别是在网上。在亚马逊网站上，你现在会发现像健安喜（GNC）、怡口糖（Equal）等飞速发展的品牌正以不同的品牌名，低价销售其开发的产品。这种策略可以让其快速收集新产品的反馈，而不会蚕食现有的产品线。

在上述案例中，化名可以让公司在不承担巨大风险的情况下测试新产品和新身份。利用化名还有另一个好处：公司可以用其重新推出已有产品，从新的角度看待它们，而且不需要背负品牌包袱。

2018 年，在洛杉矶的圣莫尼卡突然出现了一家名为 Palessi 的时装店，一群在照片墙软件上具有影响力的人参加了它的开业仪式。他们在店内看到了当代艺术品、豪华沙发和独家精选的豪华靴子和高跟鞋。这些靴子和高跟鞋被优雅地摆放在玻璃展台上。人们在那里自拍，录制视频，购买价值数千美元的商品。

很久之后，那些时尚达人才发现自己被骗。根本就没有 Palessi 时装店，因为没有这个品牌。实际上，店里的每只鞋都来自佩雷斯（Payless），一家正在苦苦挣扎的折扣鞋类零售店，距离破产只有一年。Palessi 是佩雷斯的销售部门虚构的，他们录制了一段预计会走红的视频。在视频中，所谓的时尚专家愿意支付超过 600 美元的价格，购买一双在佩雷斯不到 35 美元的鞋子。当然，它们是以化名出售的。

创建分品牌来测试新想法，在艺术领域同样有用。

作为英国非常有成就的悬疑小说家之一，阿加莎·克里斯蒂（Agatha Christie）在经历了 10 年的辉煌职业生涯后，开始痴迷于写一部浪漫小说的想法。她的出版商并没有她那样的热情。克里斯蒂拥有一批忠实读者，出版商有理由担心，无论时间多么短暂，转变类型都会瓦解她的追随者。但她很坚定，最终以玛丽·韦斯特马科特（Mary Westmacott）的名义发行了作品。这一举动很明智。在她的职业生涯中，克里斯蒂共出版了 6 部浪漫小说，但没有一部让她获得其悬疑小说所带来的赞誉。哪怕是一小部分。

最近，继破纪录的"哈利·波特"系列之后，J.K. 罗琳借鉴了克里斯蒂的做法。罗琳的下一部作品是一部暴力的、绝对不适合儿童的犯罪系列。这部作品的作者名不是以她的名字出版的，而是用罗伯特·加尔布雷斯（Robert Galbraith）这个化名署名的。用加尔布雷斯可以让她在不损害自己声誉的情况下冒险尝试新体裁，而且重要的是，这可以让她在暴露自己之前判断读者和评论家的反应。如果反应平平，我们很可能永远不会知道加尔布雷斯的真实身份。事实上，这完全可能不是罗琳第一次用虚构的名字出版作品。

尝试新类型的渴望也是驱动歌手戴维·约翰森（David Johansen）使用化名的因素。作为 20 世纪 70 年代前卫的朋克乐队纽约娃娃（The New York Dolls）的主唱，约翰森需要保护自己的声誉。20 世纪 80 年代末，当他有了把流行音乐和民间音乐结合在一起的冲动时，他采用了另一个身份。令他意想不到的是，他光鲜、有趣的第二身份——伯斯特·伯恩德克斯特（Buster Poindexter），为他赢得的受众比实际身份更多。《热》（Hot）大火之后，约翰森开始厌倦扮演波恩德克斯特的角色了，声称这首洗脑歌曲是"我存在的祸根"。不久之后，他放弃了波恩德克斯特的身份，重新回到了纽约娃娃乐队。

先卖后造

当一个价值 10 亿美元的想法袭来时，尼克·斯温穆恩（Nick Swinmurn）已经走投无路了。

这位前电影系的学生（后来成为棒球售票员）当时正在商场寻找靴子，但运气不佳。问题是，他清楚知道自己想要什么——一双棕色的沙漠高帮靴。很多商店都有，只不过都不是他想要的。一家商店的颜色错了，另一家的尺寸错了。几个小时过去了。他越来越沮丧。这时他突然想到，一定有更好的方式来买鞋。

那年是 1999 年。斯温穆恩当时住在美国旧金山湾区，他创建了一个网站，名字就叫 Shoesite.com。

斯温穆恩的初期商业计划有一个缺陷，那就是他没有鞋子可卖。他也没有预算来存货。他的商业履历一片空白，甚至从未见过投资者。

他走进当地的鞋店，提出了一个双赢的建议："我会拍几张鞋子的照片，把它放到网上，如果有人买，我就全价从你那里购买。"经理高兴地同意了。几天之内，鞋子的销售额就开始激增。

一年后，斯温穆恩从几个朋友、家人和他的脊椎按摩师那里筹集了 15 万美元，用西班牙语"Zapatos"（意思是"鞋子"）对这家公司进行重新命名。后来，他调整了拼写方式，直到有了美捷步（Zappos）——这个看起来"有趣且不同"的名字。大约 10 年后，美捷步把价值 12 亿美元的惊人数量的股票出售给了亚马逊。

回想起来，我们很容易把斯温穆恩的成功归于好运气。是的，作为旧金山湾区的一名居民，他沉浸在创业文化中。当然，1998 年是进入互联网潮流的理想时机。回过头来看，似乎其他人都没预料到顾客最终会愿意在网上购买鞋子，这很令人费解。但是，关于美捷步崛起的叙述，还不能充分体现斯温穆恩用来将愿景变成现实的卓越战略。

斯温穆恩需要庞大的资源，而他并不具备。那么，他做了什么？他出售的是"鞋子的照片"。通过出售模型，斯温穆恩在极大程度上成功降低了创办零售企业的风险。他通过先卖后买的方式做到了这一点。

斯温穆恩并不是第一个利用这种方法的人。事实证明，预售不存在的产品，在商界有着悠久而传奇的历史。

在被传唤到苹果会议室面对"行刑队"的几年前，比尔·盖茨是一名退学当律师的、中游水平的哈佛大二学生。1974 年 12 月，他得到了一本新一期的《大众电子》（*Popular*

Electronics）杂志，封面上有世界上第一台个人电脑。它被称为牛郎星 8800（Altair 8800）。盖茨的大部分空闲时间都花在了编程上，他相信自己可以开发软件。

盖茨奋力向前，开发软件，希望能在完成后出售它。但这样做非常冒险。据盖茨所知，当时正在销售牛郎星的公司已经准备好了软件。像斯温穆恩一样，盖茨要确保他走在正确的道路上。因此，他没有花几周来构建程序，也没有忽视课程作业，他很有创意。

盖茨做的第一件事就是给牛郎星的制造商写了一封信，声称他的团队已经为他们的计算机开发了软件，他和他的同事准备出租这些软件。但他没有收到回信。盖茨又给制造商的首席执行官打了电话，提出要现场演示他的软件，问他什么时候方便。

在盖茨确认制造商的首席执行官愿意会面后，他和他的编程合作伙伴保罗·艾伦（Paul Allen）才开始开发一款名 叫 培 基（Beginners' All-purpose Symbolic Instruction Code，BASIC）的编程语言。这款编程语言是微软的基石，为后来盖茨与苹果短暂的合作奠定了基础。

如今，我们熟悉了斯温穆恩和盖茨使用的策略。当看到众筹网站 Kickstarter 提供的迷人的推销语和数字后，我们迫不及待地掏出了信用卡。当埃隆·马斯克只通过几条推文就为一辆尚未制造的汽车获得价值 140 亿美元的预订单时，我们几乎不会对此感到惊讶。

这些例子说明了智力创新中的一些重要内容。发展技能时，我们的注意力会自然地倾向于提高执行力。我们要写出完美的剧本，开发出完美的网站，撰写完美的演讲稿。然而，有些时候，在确认我们要做的是别人想要的东西之前，我们最好推迟追求卓越。

为没人想要的东西创造完美版本对我们来说没有好处。避免这种陷阱并降低风险的一种方法是跳到下一步。对许多专业人士来说，他们需要向顾客、委托人或经理推销一个想法。从销售入手，对于帮助企业和创作者避开注定失败的项目、更快地评估潜力，以及承担更多风险来说，是至关重要的。

已故的传奇天才经纪人欧文·斯威夫蒂·拉萨尔通过向认识的人提出大胆建议的方法建立了一个商业帝国。20世纪下半叶，他是世界上非常有影响力的经纪人之一，在好莱坞和纽约的出版社都很出名。拉萨尔的客户众星云集。

你会想，要吸引这么多明星，拉扎尔肯定有一个庞大的机构，有律师、谈判代表和星探。但他没有。他只有自己和一个助手。

他的秘诀是什么？从推销开始。

他会向每个人推销，甚至是他从未见过的演员和作家。一旦他从电影制片厂或出版社那里得到了信息，他就会回过头来接近他曾经推销过的名人，告诉他们他已经准备好了一笔交易。正如小说家欧文·肖（Irwin Shaw）曾说过的那样：

"每个作家都有两个经纪人——他自己的经纪人和欧文·拉扎尔。"

拉扎尔的非传统交易方式具有一定的道德灵活性，尽管这会让许多人感到不舒服，但不可否认的是，其基本原则是有效的。在实施想法之前，我们可以采取以下方式确认别人对我们想法的感兴趣程度：给作者写一封推荐信，给企业家写一份名单，为发明家制作一个原型。

归根结底，先销售后生产不仅可以将风险降至最低，为我们提供早期反馈，还能让创造性思考者可以进行更多的尝试，增加获得成功想法的机会。

像风险投资人一样思考

当你读到风险投资这个词时，会想到什么？

它可能是资金、投资者和初创企业的某种变体。你的解释中可能没有钓鱼这项活动。然而，数百年前，正是渔业引发了定义风投行业的投资方式。

早在 19 世纪，捕鲸业（捕杀鲸鱼以获取鲸鱼的肉、骨头和油脂）是一项大生意。一次成功的航海旅程可能带来数千美元的利润（按今天的货币相当于数百万美元），这让捕鲸业成为一项值得从事的职业。每年，数以百计的船员在大西洋上寻找财富。

不久后，竞争的加剧严重减少了鲸鱼的数量。现在，为了成功捕到鲸鱼，捕鲸者发现自己的航程越来越远了。延长的航程将船员们置于危险之中。他们面临着耗尽食物、失去理智的危险，而且他们会在海上迷路（这是船长所不愿透露的）。

随着捕鲸危险的增加，一种新型的投资方式出现了。掮客随之出现，他们当中既有有钱的精英，也有渴望踏上探险之旅的经验丰富的船长。作为这两个团体的中间人，捕鲸代理人帮助富人为航海融资，并将投资分散在各种船只上。在这个过程中，他们帮助投资者降低了整个投资随着一艘船只一起消失的可能性。

迪士尼，作为一家为制作卡通动画而成立的公司，现在经营着主题公园、度假酒店、邮轮公司、住宅区和流媒体服务，并管理着皮克斯动画工作室（Pixar）、漫威以及娱乐和体育节目电视网。沃伦·巴菲特（Warren Buffett）的伯克希尔·哈撒韦公司（Berkshire Hathaway）最初生产的是纺织品，它现在经营着世界上最大的房地产公司，并拥有金霸王电池（Duracell）、织布机水果内衣（Fruit of the Loom）和冰雪皇后饮品（Dairy Queen）等产品。

这种多元化的经营方式可以降低风险。就像那些航行于危险的大西洋之上的勇敢的捕鲸船一样，单一的作品或产品可能会因为各种原因"沉没"。投资组合破产的可能性就要低得多。

这个降低风险的原则，也适用于个人。

琳达·温曼的职业决定就是一个很好的例证。20 世纪 90 年代中期，温曼在好莱坞为自己找到了一个合适的工作。作为耗资数百万美元的《星球大战》《机械战警》（RoboCop）和《比尔和泰德历险记》（Bill and Ted's Excellent Adventure）系列电影的动画特效师，她很有市场。作为一名早期苹果爱好者，温曼自学了计算机图形学，并应同事们的要求，开始分享自己的专业知识。她开始兼职教书，并且发现自己很享受这份工作。当她找不到一本足够简单直观的计算机图形方面的教科书进行推荐时，她就自己写了一本——《网页图形设计》（Designing Web Graphics）。这本书很成功，给她引发了更多的教学请求，以至于她无法承受。温曼临时举办了为期一周的周末研讨会。其中的一些课程被录制下来，并以录像带的形式出售。她甚至建立了一个网站，向学生们分发练习题和笔记，并将其命名为 Lynda.com。2015 年 4 月，就在她上第一节课不到 20 年后，她的网站被领英以 15 亿美元的价格收购了。

温曼并没有打算像美捷步的尼克·斯温穆恩那样，建立一个有利可图的商业帝国。通过追随兴趣、发展新技能，并坚持不懈地提供多样化服务，她做到了这一点。从传统的上课到编写教科书，到举办为期一周的强化班、制作录像带，再到创立互联网订阅服务，所有这些都自然发生了。

温曼这样的组合式职业生涯（个人通过服务不同的顾客，找到利用自己技能的多种方法）使个人风险更易被容忍。一个人的职业越多元化，所承受的任何一种商业关系的压力就越小。

当你是自由职业者或企业所有人时，建立组合式职业生涯可能看起来更简单。毕竟，这两个角色都可以让你选择希望服务的客户、项目和行业的类型。但这并不意味着多元化对在组织内部工作的员工来说是不可能的。

2014 年，威斯康星大学的研究人员通过比较辞职创业的人和同时兼顾主业和副业的行事稳妥的人，调查了创业者的成功率。令人惊讶的是，专职创业并不是取胜之策。谨慎的员工更可能成功。为什么？因为他们拥有稳定的资金来源，可以更加耐心地制定战略决策，这是那些时常难以维持生计的人所享受不到的。

基本工资提供了经济上的保证，所以无论副业的情况多么糟糕，失败都是可以挽救的。在某种程度上，这是把我们在本章中探索的 4 种商业战略联系在一起的统一原则。无论是测试小部分受众、化名表演、预售想法还是职业组合多样化，一旦失败的成本降低，冒险就会变得更加容易。

第六章

练习三维度

想象一下，距离你发表生命中最重要的演讲只有几分钟了。你的团队为这次的演讲一直拼命工作了几个星期。他们像你一样知道，这次的赌注非常大。

赢了，你的公司将一跃成为行业顶尖。输了，你将别无选择，只能缩减规模，解雇员工。公司的士气将被摧毁，你的领导地位也会受到质疑。你为之努力的一切，你建立的一切，都取决于这 30 分钟的演讲。

演讲的那天早上飞逝而过。也许你吃过早餐了，也可能没有。

在你走进会议室的那一刻，门"砰"的一声响了，所有人都转向你。你的视野清晰了。你的呼吸变慢了。恰到好处的话正神奇地从你的嘴中说出。

当你只播放了两张幻灯片电脑就死机了的时候，你继续演讲，毫不慌乱，巧妙地展示了没有幻灯片的好处。当客户提出难以应对的问题时，你看着它们被提出，然后自信且迷人地一个个解决。演讲接近尾声，当被问及如何处理公司未来的潜在危机时，你拿出准备用来应对这件事的备忘录，里面包括了战略目标、谈话要点和公关活动。

之后，你的新客户对你的表现赞不绝口。他们说你"才华横溢""非常棒"。私下里，他们的首席执行官会开玩笑地问你是否能预见未来。你谦虚地笑了笑。没有人能预见未来。

从表面上看，这个问题显然很荒谬，直到你想到明星运动员的行为。

像塞雷娜·威廉姆斯（Serena Williams）这样的职业网球运动员经常会面对时速超过 120 英里的发球。这连眨眼的时间都不够，更不用说举起球拍、瞄准和挥舞球拍了。然而，她不仅成功地打中了，而且还以如此精确有力的方式进行了回击，以至于她的对手们都目瞪口呆。她是怎么做到的？纽约大都会队（New York Mets）的强击手皮特·阿隆索（Pete Alonso）在 2019 年同样打出了惊人的 53 次全垒打。如果你分析他的任何一次本垒打视频，你会注意到一些奇怪的事情：他在球还没离开投手指尖的时候就开始挥杆了。冰球中也有类似现象，比如新泽西魔鬼队（New Jersey Devils）的名人堂成员马丁·布罗迪尔（Martin Brodeur）。作为一名守门员，他在冰球被击中之前就会跳起来救球。

那么，科学家们是如何理解这一切的？他们如何解释运动员预测未来会发生什么的能力？他们的策略能否在赛场外的日常生活中被运用？

让我们通过深入研究一位专家的想法来寻找答案。

运动员如何预测未来

2017 年春，当托尼·罗莫（Tony Romo）宣布从职业橄榄球界退役时，整个联盟的反应很平淡。

近 10 年来，罗莫一直担任达拉斯牛仔队（Dallas Cowboys）的首发四分卫，在球队历史上，他的表现可以说是平淡无奇，最后几年尤其不值一提。由于背部和颈部受伤，罗莫曾连续几个月被发配到了教练区，而且他的首发位置在很久以前就已经被更加年轻有活力的达克·普雷斯科特（Dak Prescott）抢走了。

对普通球迷来说，罗莫最令人印象深刻的两件事是：他曾莫名搞砸了一个轻松的机会，这让他的球队错失了那个赛季的冠军；他在 2007 年和杰西卡·辛普森（Jessica Simpson）的约会。

因此，当退役几个月的罗莫作为全美橄榄球联盟（NFL）的分析师，首次在直播中亮相时，观众的期望值很低。这可以理解。罗莫完全没有转播经验。哥伦比亚广播公司（CBS）体育频道的主席承认道："托尼还在努力中。"他听起来并不是那么自信。没人知道会发生什么。在第一次转播开始前的 30 分钟，罗莫的制片人把他拉到一边，试图让他集中注意力："做你自己就好。"

当到那个赛季的季后赛的时候，罗莫的表现已经成为那年橄榄球界最热门的故事之一。他赢得了各方的狂热评价（来自制片人、球员和粉丝），这不仅是因为他令人沉醉的激情，还因为他的一种神秘能力——在比赛前进行预测。

从第一次转播开始，罗莫就会低头看着球场，在发球前详细说明进攻方会做什么，然后看一眼对面球队的防守计划，再同样精准地说出他们的策略。他接连不断地这样做，一周又一周，用看似神秘的读心术让球迷们惊讶不已。没过多久，罗莫就在网络上火了。人们根据他的非凡能力给他起名为"罗莫–斯特拉达默斯"（Romo-stradamus）。《华尔街日报》（Wall Street Journal）对罗莫的预测能力进行了分析，并调查了他作为解说员做出的 2599 个判断。结论是：罗莫预测的准确率超过 68%，这比他作为职业四分卫的击中率要高出一个百分点。

罗莫的预测能力无疑令人印象深刻，但这种能力并非人类所不能及的。高预判是专业技能的一个普遍特征。不仅在橄榄球中，研究人员在很多领域都观察到了这项技能。

现在，假设我们以某种方式说服了托尼·罗莫和我们一起在实验室做几次脑部扫描，在他转播美国全国橄榄球联盟比赛时监控他的大脑活动，我们可能会收集到什么内容？是什么让像罗莫这样的专家区别于普通球迷的？

我们可能发现的第一件事是，罗莫在分析球场上的球员时，他的大脑活跃度要低于普通球迷。

这是怎么做到的？多年的经验教会了专家们迅速区分相关和不相关的线索，这使他们可以专注于值得评估的数据。他们的注意力具有高度选择性，主要集中在少数主要线索上。与普通球迷们不同，罗莫不会被任性的球迷或古怪的吉祥物分心。他清楚地知道自己要寻找什么，并且可以毫不费力地忽视其他的内容。

重要的不仅仅是他们可以忽略不相关的事情，他们还从看似无关紧要的信号中获取自己需要的更多信息。

禅师铃木俊隆曾说："初学者的大脑中有很多可能性，但行家的大脑中几乎没有。"对艺术家、放射科医生和国际象棋大师进行的核磁共振研究证实了这一点。罗莫在橄榄球方面的渊博知识使他能够排除发生概率低的动作，将注意力放在小部分可能的选择上，从而产生较低的认知负荷和更准确地预测。

人类大脑为了更好地满足经常遇到的需求有进行自我重组的能力。反复进行相同的活动会提高大脑的适应能力。这是通过加快参与的神经元之间的连接，以及形成承担部分认知负荷的额外的神经元来实现的。随着时间的推移，这些适应性变化会累积起来，导致专家和新手的大脑在生理上存在差异。

以伦敦出租车司机为例。他们的工作要求他们能记住并回忆起城市的布局。核磁共振扫描结果显示，司机开出租车的时间越长，他们的海马体（同时参与长期记忆和空间导航的脑区）就越大。长期的研究表明，这并不仅仅是记忆力较好的人会选择当出租车司机，这实际上是开出租车的经验改变了他们的大脑。

所有这些生理表现——更安静的脑激活、更有选择性的注意、更少的考虑选项、更明显的解剖学特征，都是专家们神经学上的特征。它们反映了大脑对深刻而复杂的知识体系的形成过程的适应。这个知识体系使专家们能够明确关键信息，预测未来事件，更快地做出反应。

最佳教练与好莱坞导演的共同点

在给史蒂文·斯皮尔伯格（Steven Spielberg）打电话之前，罗伯特·泽米吉斯（Robert Zemeckis）考虑了一下被解雇的可能性。

这发生在泽米吉斯因为《阿甘正传》（*Forrest Gump*）、《谁陷害了兔子罗杰？》（*Who Framed Roger Rabbit?*）、《荒岛余生》（*Cast Away*）这三部电影而获得多项奥斯卡奖的很久以前。那是 1984 年。那时，他还是一个无名小卒，有幸执导了几部电影。

他要给电影监制打电话，讨论一个棘手的问题。泽米吉斯完全搞砸了。他聘请的一位演员并不合适，他需要斯皮尔伯格的意见。他提出了一个荒唐的问题：电影在拍摄了一个月后，还有换主角的可能性吗？这一决定意义重大。因为寻找新主角可能需要几周的时间，这会降低演员们的士气，并将电影的上映时间延后。

泽米吉斯想让斯皮尔伯格看一段录像（好莱坞称之为样片）。每天早上，电影的导演、剪辑师和摄影师都会聚在一起回顾前一天的录像。在这个过程中，他们可以分析自己的作品，找出问题，并实时调整拍摄方法。泽米吉斯在一份样片中不情愿地承认："我们拍摄的影片有瑕疵。主角不合适。"

斯皮尔伯格同意见面，并预订了安培林工作室的放映室，这样他们就可以在大屏幕上一起观看录像。灯光变暗，放映机嗡嗡作响，电影开始了。这一片段发生在20世纪50年代的一家咖啡馆里。两名顾客坐在柜台前，以同样的姿势俯身，头向左转，手放在后脑勺上。餐厅的门被拉开了。"嘿，麦克弗莱？"一群十几岁的男孩鱼贯而入。两位顾客同时看着，就像在观看一场精心编排的舞蹈……

泽米吉斯和斯皮尔伯格看了几十个这样的片段，显然在这些场景中，都缺少了一些东西：滑稽搞笑的内容。这是一部需要搞笑内容的电影，主角完全不能表现出这一主题。

最终，泽米吉斯几乎不必竭力劝说，斯皮尔伯格就已经得出了相同的结论：必须换掉主角。斯皮尔伯格不仅同意了泽米吉斯的建议，还听从了他的请求，打电话给美国全国广播公司，希望能安排迈克尔·J. 福克斯加入这部电影。

用录像来调整表现的做法并不限于好莱坞。这在职业体育中也很常见。

娱乐与体育电视网要求巴尔的摩乌鸦队（Baltimore Ravens）总教练约翰·哈博（John Harbaugh）记录他的时间安排，汇报他在常规赛中是如何度过一周的时间的。

人们这才知道，哈博每天会看将近六个小时的录像，数量惊人。哈博会把大量时间花在回顾之前的比赛上，而不是花在包括跑步练习、与球员会面以及制订球队比赛计划这些活动上。作为一名战略思想家，他明白，从过去的表现中吸取教训是为未来做准备的非常明智的做法之一。

金州勇士队（Golden State Warriors）的主教练史蒂夫·科尔（Steve Kerr）同样认同这一观点。他甚至要求他的团队在实际比赛中研究录像。中场休息时，勇士队立刻会在更衣室内分析上半场精彩的部分，以从中学习并做相应调整。在上半场中，当出现他希望球队可以回顾的内容时，科尔会向一名助手示意，嘴里说着"把这段剪辑下来"。

导演、运动员和教练都选择依靠录像来帮助他们从过去吸取教训，做出关键调整。

那么，我们呢？如果没有录像，你可以回顾什么呢？

三分钟的练习，将经验转化为智慧

看一下下面的矩阵（表6-1）。

表6-1 数字矩阵

2.65	8.23	6.87
7.98	4.31	3.25
0.99	2.55	1.23
4.49	5.69	9.03

你可以看到，它一共包含了12个三位数字。在这12个数字中，有2个加起来等于10。你能找到他们吗？是哪两个数字？

假设，我给了你一堆与上面一样的矩阵，要求你每20秒内找到一个答案，那么你能解决多少个这样的脑筋急转弯呢？

哈佛大学研究人员曾对数百名成年人进行了这个测试。

自我反省组需要花3分钟来反思自己的表现。这是他们这一组的条件。

控制组则需要暂停3分钟。这是他们组的条件。研究人员通过该测试评估反思过去相对于简单休息对人的智力的影响。

测试结果很有说服力：自我反思的人多解决了超过20%的谜题，表现明显优于控制组。只是要求他们思考学到的内容，人们就可以有相当大的进步。

在教育领域，自我反省或反思性实践有几个好处。

反思性实践会促使我们停下来，思考自己的进步。我们在日常生活中很少这样做。在这个过程中，我们被短暂地唤醒，从盲目反应和常规习惯的迷雾中解脱出来，审视自己行动的价值。如果一切顺利，我们就会重建信心，向前迈进。如果我们发现自己的表现停滞不前，就会去寻求调整。无论是哪种情况，我们都会受益。

反思性实践还通过促使我们寻找更高阶的规则来促进更深层次的学习。难怪在上述的脑筋急转弯中，自我反省如此有价值。只需思考片刻，我们就会意识到解决问题的捷径。

在反思工作经历时，我们会不自觉地发现一些有用的经验教训。它们会提升我们的能力，让我们更好地预测未来。反思性实践还可以引导我们将最近的经历与之前的信念相比较，从而产生新见解。20世纪初，哲学家和教育家约翰·杜威（John Dewey）写了大量关于反思性实践的益处的文章。他认为反思性实践是学习和发展的重要工具。杜威认为，对于教育来说，仅靠观察是不够的，只有当人们反思经历、修正信念、检验假设时，才会真正获得知识。

时至今日，杜威的观点仍在教育领域发挥着作用。教师们需要在授课后进行反思，思考像"怎样才能做得好？""还有什么比这更好？"以及"下一次我应该进行不同的尝试吗？"等问题。

我们常常听说，教育是由外而内的，学习是通过接触新信息进行的。用富有见地的、模范式的和预测性的眼光回顾过去，是我们将经验转化为智慧的方式。

反思性实践入门指南

假设你愿意尝试反思性实践，最好的入门方式是什么？

托马斯·爱迪生（Thomas Edison）这样的顶尖发明家、弗里达·卡罗（Frida Kahlo）这样的艺术家以及包括塞雷娜·威廉姆斯、迈克尔·菲尔普斯（Michael Phelps）和卡洛斯·德尔加多（Carlos Delgado）在内的运动员们，普遍使用了写日记的方法。

像海豹突击队这样的士兵们学到的第一课是，在战斗中，占领高地至关重要，因为它提供了我们亟须的视角。没有它，我们就会缺少对大局的掌握，容易犯下致命错误。这同样适用于日常生活。在日常生活中，日常紧急事件和无休止的投入持续威胁着我们更大战略目标的实现。

养成日常反思的习惯和制定战略的做法有很多好处。而且随着时间的推移，这些好处会积累。研究证明，记录日常事件可以帮助我们处理情绪、减轻焦虑、减少压力。编写日记，可以重塑我们的掌控感。

特别是手写日记，它会迫使我们放慢脚步。由于大多数成年人的思考速度比手写快，所以在记录的过程中，我们会被迫停下来进行反思，用很少会在忙碌的一天中出现的方式来检验我们的想法。

心理学家已经发现了写日记的一系列好处，但我不想列一个完整的清单，而是想重点介绍一种日记形式。它在促进自我反思、学习和发展技能方面特别有用，那就是五年日记法。

书店中出售的这样的日记本有很多版本，但它们都有一个共同点：在日历中相同的日期上，有 5 个用来记录内容的表格，每年一个。写日记的人每天都会在上面写几行字。一年后，神奇的事情发生了。在记录了当天的一些想法后，他们可以查看最开始记录的那一页，回顾前一年同一天记录的内容。

我给我指导的每位客户一本为期 5 年的日记计划，因为我觉得它是一种有助于他们发现和成长的工具。每晚写日记除了会引发人们的自我反省，重读记录的内容还能加强我们对过去事件的记忆，帮助大家发现职业和个人生活中的模式。

通过写一篇为期 5 年的日记，我获得了许多关于自身的经验教训：

- 团体经历通常比我预期的要好。
- 没有电子邮件的日子最有效率。
- 我倾向于忘记负面互动，不太擅长心怀怨恨。

- 在忽视有氧训练的日子里，我的睡眠会受到影响。
- 一个项目的困难越大，成功后的回报就越大。

最后一点值得详述。我们常常会忘记曾在过去的成功中付出了多少努力。因此，当新挑战出现时，我们会高估它们的难度，低估我们克服障碍的能力。一本为期 5 年的日记，可以每晚提醒人们他们曾克服的障碍、度过的恐惧和取得的有意义的成就。

它也提供了一系列我们曾犯过的错误。这同样有用，因为它会防止我们重蹈覆辙。大约一年前，我正在考虑聘请一位曾经共事过的顾问，但结果喜忧参半。就在我准备批准他做一个新项目的时候，我偶然看到了一篇自己两年前写的日记，上面写着一句话，大意是"某某不值得信任"。从那以后，我们就再也没有共事过。如果没有这条内容，我很可能会重复一个容易避免的错误。

相关研究告诉我们，记忆会随着时间的推移而衰退，会受到一系列认知偏差的影响。我们每次回忆一件事时，它都会发生轻微地改变。书面记录就没有这些不足之处，这使得日记成为我们吸取过去教训和改进对未来的预测的一个非常优越的工具。

我们越多地反思考过去的经历，就越有能力在当下做出明智的决定。5 年日记法的价值在于，它可以使反思性实践自动化，促使我们提炼从过去收集到的经验教训，以及重新审视值得在未来继续发展的战略。

多进行心理预演

在 2016 年里约热内卢奥运会前的几周里，迈克尔·菲尔普斯每天做的最后一件事就是意象练习。

它以菲尔普斯一言不发地踏上起跳台开始。他身体前倾，双臂向背后伸直，右手紧握左手，然后迅速起跳。他有力地挥舞着双臂，就像一只即将起飞的雄鹰。

他的跳水具有爆发性，速度快且没有水花。他在水中划过，双腿有节奏地起伏，推动他越游越远。在第一次呼吸前，他已经游到了泳池的一半，然后他注意到水蒸气正在他的护目镜上聚集。随后菲尔普斯的长臂发挥了作用，它们将他推向墙壁，在那里，他完美地实现了翻转，在保持泳姿伸展的同时向前推进，同时根据划水的时间调整呼吸。

当菲尔普斯完成最后一圈并将头转向记分牌时，到处都是划水声。他的对手已经落后了。他已经赢了。

他妈妈在笑。他非常兴奋，深深吸了一口气。

然后，他就睡着了。

菲尔普斯从 12 岁起就一直在做夜间意象练习。这时距离他赢得 28 枚奥运奖牌还有很久。

林赛·沃恩（Lindsey Vonn）是另一位奥运奖牌获得者。她在比赛前会在心理进行预演。她不仅会想象自己从阿斯彭的山上俯冲而下，还会强迫自己吸入和排出空气，模拟高速下坡时令人不安的危险情形。

巴西球王贝利（Pelé）会在更衣室进行意象练习。在重要比赛前，贝利会抓起两条毛巾，躺在板凳上，一条毛巾放在脑袋下面，另一条毛巾放在眼睛上。然后，他会想象小时候踢足球的场景，重新找回第一次发现自己热爱足球时的喜悦。然后他会回想自己在球场上最有效的动作，这些动作扭转了比赛的局面或带领球队取得了胜利。它们会激发他的信心，提醒他，他以前做过的事现在还可以再做一次。最后，他会把注意力转移到当前的任务上，描绘他的对手，仔细检查他们的战略，以及想象自己完美执行了这项任务。

曼联队（Manchester Vnyted）的前锋韦恩·鲁尼（Wayne Rooney）承认自己也会使用类似方法。每场比赛前几天，鲁尼都会缠着球队的教练，询问球队队服、运动鞋和袜子的确切颜色。鲁尼坦率地说："比赛前一晚，我会躺在床上，想象着自己进球的情景。"对于鲁尼来说，了解细节会让意象更真实。细节越琐碎，练习就越有效。"你努力把自己放在那个时刻，试图让自己在比赛前拥有这样的记忆"。

很多著名运动员都将自己的成功归功于心理意象。高尔夫球手杰克·尼克劳斯（Jack Nicklaus）养成了举起球杆前想象每一球的轨迹和落地位置的习惯。即使在练习中，他也会这样做。曲棍球名将韦恩·格雷茨基（Wayne Gretzky）会利用意象，在守门员身后空荡荡的球网上用激光练习射门，并想象球网上装饰着红灯和丝带。重量级拳击手冠军迈克·泰森（Mike Tyson）会想象自己用毁灭性的力量进行猛击，以至于他的拳头会打碎对手的头。

为什么这么多运动员被意象迷住了？答案很简单，"因为它有效"。这不仅仅体现在体育中。研究表明，心理预演❶（mental rehearsal）在很多领域都有价值，它甚至可以拯救生命。研究表明，进入手术室之前进行心理预演的外科医生，在手术过程中犯的错误更少，压力也更小。那些在弹奏之前预先在脑海中练习曲子的音乐家们，学习作曲的速度更快。在上台演讲前先想象自己的表演的公众演讲者，体验到的焦虑更少，演出不那么僵硬，而且演讲更有说服力。

到目前为止，在这一章中，我们已经探究了过去经验被忽视的价值，并探索了一些优秀人物使用反思性实践来增强知识的方法。这是练习的第一个维度：挖掘过去。在下一节中，我们将探究第二个未得到充分利用的工具，以发展我们的专业知识，那就是在未来练习。

---

❶ 指通过冥想，让自己处于一种放松状态，在脑海中勾画出目标已经达到时的情景。在心理预演时，要运用个人丰富的想象去感受目标达成时的心情，包括每一个细节、情景，越清晰，越兴奋，越信以为真，会越好。——译者注

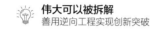
想象让你表现得更好

假设，明天早上，你需要写一份 10 页的计划书。为了像迈克尔·菲尔普斯那样准备，你躺在床上，闭上眼睛，开始想象。

做这个练习有什么实际的好处呢？

在心理上模拟一项任务的好处是可以帮助你在遇到障碍之前识别它们。例如，你可能会记得，你需要参考床头柜上的几本书，或者计划明天早上在办公室铺上新地毯，或者你不是很确定如何从提案的一个部分过渡到另一个部分。

另一个好处是，这个练习会让你对开始写作时可能会遇到的内容，有一个情绪上的预览。也许，在时间紧迫的情况下必须提交一份冗长的文件的想法会让你不堪重负。这个信息很有用。了解你可能会有的反应，可以让你在开始前准备一个有效的应对措施。

既然你已经意识到这些挑战了，那么你就可以在工作开始前提前做决定了。例如，你可以选择第二天在家工作，这样你就可以避开办公室的喧闹。你可能打算下载一些以前的提案，以提醒自己过去是如何准备类似的报告的。为了防止感到不堪重负，你可能决定打开休息时的电子邮件自动回复程序，这样你就可以不受干扰地工作了，并在需要的时候进行减压。

想象自己坐在办公桌前，全神贯注构思草稿的各个部分时，会减少你的焦虑，增强你的自信心。这不仅能帮你提前完善计划，还有助于你产生对成功的期待。

对于像迈克尔·菲尔普斯这样的运动员和那些为体育活动做准备的人来说，意象提供的好处更多。研究表明，当我们想象自己正在做一个动作时，我们被激活的神经通路与实际进行这一行为的神经通路相同。换句话说，当菲尔普斯闭上眼睛，描绘自己跳入游泳池的画面时，他的部分运动皮质也会亮起来，就好像他真的从起跳台上跳入冰冷的水中。

研究还表明，意象可以锻炼运动员的肌肉、心血管和呼吸系统，而不会让他们的身体负担过重，也不会像额外的体育锻炼那样有导致疲劳的风险。事实上，一项研究发现，与仅靠身体锻炼的运动员相比，使用意象的运动员可以将练习的负荷减半，而不会对他们的表现产生负面影响。

如何运用心理练习

假设，你对运用想象的价值很感兴趣。你如何能有效做到这一点呢？

研究人员使用意象一词是有原因的。参与的感官越多，你的模拟可能就越有效。如果你正在为一场重要演讲做准备，在开始之前，你可以想象一下听众们的闲聊，你举起手中遥控器时的感觉，舞台上照亮你前额的灯光的温度。比起只是想象自己在演讲，这些细节可以更有效帮助你置身于那个时刻。

通过在第一人称视角和第三人称视角之间进行交替，你可以让你的意象更生动。使用内在的第一人称视角（例如，想象你在看向你的观众）更会引起本能反应，这在你想要预览情绪时很有价值。但有时，这种体验可能会让人不堪重负，或者不再会触发你的情绪，因为你已经做过很多次了。这时候，选择外部的第三人称视角就很有用（例如，想象自己坐在观众席上，观看表演）。这样做可以降低情绪温度，帮助你想象观众可能会对你表演中的某些元素做出怎样的反应，并让你看到自己的成功。

你也可以偶尔想象自己不太成功或遇到意外阻碍的情形。这一练习不仅可以帮你预见挑战，还可以通过灌输你可以从发生的任何情况中恢复过来的信念来提升你的信心。

网球偶像比利·简·金（Billie Jean King）正是这样利用意象获得了 39 个大满贯。金退役后，在接受采访时透露，在参加美国网球公开赛时，她会在上场前想象每一种潜在的不利情况以及可能的应对方法，"我总是会想到风，会想到太阳，会想到裁判对球是否在场内着地的判决。我会想到下雨。如果必须要等雨停的话，事情可能会超出我的控制，那时我该如何应对"。

金不仅会做模拟动作的准备。她还会想象自己在不同时段的行为，"我会考虑我想怎么做。就像他们在表演课中教的一样，体育中好像也存在表演。你站直了吗？你自信地表达肢体语言了吗？因为你在球场上有 75% 的时间实际上是没有击球的。我认为这就是冠军成功的地方。所以我会想象各种不同的可能性"。

最后一点值得注意。有效的意象练习不需要花费大量的时间。研究表明，意象练习时长不超过 20 分钟。有一些研究报告称，3 分钟的集中模拟就可以带来好处。鉴于心理预演的多功能性，以及在任何时间和地点都可以进行并且不需要设备的事实，各行各业的人都可以关注一下。

为什么你的大脑阻止你学习

大量练习的好处之一是，随着时间的推移，我们不再需要像刚开始时那样深入思考下一步要做什么。一个典型的例子是驾驶。我第一次开车的时候手使劲握着方向盘，以至于在那之后，我的手指酸了好几个小时。20 多年后，我放在选择播放的播客上的注意力好像经常比实际驾驶中的要多。

心理学家称这种现象为自动化（automaticity）。它是指我们在耗费少量注意力的情况下执行复杂技能的能力。这是专长的结果。

在很大程度上，自动化是与生俱来的。它帮助我们把像刷牙、穿衣和做早餐等一系列重要的日常事务交给了身体的其他部分。随着注意力的释放，我们可以专注于更具挑战性的任务，比如思考刚刚读到的有趣文章的含义，或者思考我们可以如何处理工作中棘手的问题。

自动化的原理是将意识转化为无意识。神经学家可以用核磁共振扫描来了解它在大脑中的过程。复杂的行为需要大脑皮层（大脑在额叶进化出来的区域）的注意，但随着我们对某些动作熟悉度的增加，参与的脑区就变成了包括基底节和小脑在内的低一级的皮质下区域。这给行动的专长腾出了更复杂的大脑皮层，让我们可以减少对行动的关注，将注意力放在其他地方。

现在，你可能认为自动化只有好处。毕竟，在思考其他事情的同时可以毫不费力地执行动作，这会有什么坏处呢？但事实证明，自动化会增加改善行为的难度。我们越是不注意自己的行为，就越难提升自己的表现或掌握新技能。

这里存在一个悖论：经验会带来自动化，而自动化会扼杀学习。那么，你该如何改进一项你已经做得相当好的任务呢？

这一问题的答案来自已故认知心理学家 K. 安德斯·埃里克森（K. Anders Ericsson）的研究。埃里克森是一位杰出的研究人员，他最为人所知的是 1993 年对小提琴家的一项研究。这项研究为"10000 小时法则"这一流行观点奠定了基础。它是指掌握一项技能需要长时间进行专注和反馈丰富的练习。

根据数十年来对表现优异的人的生活的研究，埃里克森明确了有助于培养技能和专业知识的练习的准确特征。

埃里克森发现，最有效的练习可以解决已察觉到的弱点。它可以分解复杂任务，让你每次只关注一个内容。理想情况下，它可以提供即时反馈，让你能够逐渐调整并再次尝试，从而确保你投入在练习中的时间可以不断地转化为改进和成长。

这与大多数人练习的方式大相径庭。

去当地的高尔夫练球场参观，你会看到打高尔夫球的人一杆接一杆地在发球台上击球。你很少会看到球员们在沙坑外击球、练习上坡球，或者测试他们判断有难度的果岭❶轮廓的能力，尽管掌握这些要素中的任何一个都有助于提高他们的比赛水平和分数。

克服自己的弱点令人不快，让人有压力，而且很困难。但这个过程对提升技能至关重要，因为它可以打破自动化的魔咒。

通过正视我们的缺点并直接解决它们，我们会不自觉地密切关注自己的行为与其产生的平淡无奇的结果间的联系。我们感到的不适会驱使我们寻找新的解决方案、尝试不同的途径，使我们更可能突破自己的表现瓶颈。

专家并不是只凭重复就能获得成功的。他们的成功是通

---

❶ 果岭是高尔夫球运动中的一个术语，是指球洞所在的草坪，果岭的草短、平滑，有助于推球。——译者注

过瞄准自己的弱点、追求弹性目标以及不断突破能力极限获得的。只有通过这种方式，你才能在已经表现得非常好的任务上变得更好，并避开自动性的控制。

通常情况下，唤醒经验丰富的头脑的唯一方法就是强迫它做一些全新的事情。

让你的练习新颖、有益、富有成效

当丹·奈茨（Dan Knights）第一次从距离地面 12000 英尺 ❶ 的飞机上跳下时，他不仅仅希望安全着陆。

奈茨是一个"魔方速玩家"，这一头衔是用来称呼能在极短时间内解开拉比克魔方（Rubik's Cube）的爱好者的。不过，他不是普通玩家，他是世界冠军。早在 2003 年，奈茨就在短短 20 秒内解出了一个魔方，这一速度比任何人想象的都要快，被列入吉尼斯世界纪录。他是如何实现的？他通过高强度的训练方法，包括从快速行进的汽车中探出身子来速解魔方、蒙住眼睛解魔方，来训练快速还原魔方。这些方法不再具有挑战性时，他开始跳伞，在自由下落的过程中解魔方，直到解开他才会启动降落伞。

现在，你可能会想，这些都有什么用呢？

---

❶　英制单位。1 英尺约合 0.3 米。—— 编者注

研究人员称奈茨的极限训练为压力适应训练。它需要在极端条件下练习。这种条件引发的焦虑比表演者在现实生活中感受到的要多得多。在充满压力的情况下进行练习，为表演者提供了管理恐惧、排除意外分心和在威胁下完成表演的宝贵经验。在熟悉一项技能很长一段时间后，增加压力是确保练习仍能继续激发我们学习的一条途径。虽然在大多数人看来，跳出飞机在半空中练习可能比较过分，但其中的潜在原理值得我们深思，即增加难度是有效练习的关键。

幸运的是，有很多方法既可以让练习变得具有挑战性，又不会让你处于危险之中，确保实践具有挑战性的第一种方法是寻找新奇事物。在培养一项技能时，你要避免的一个关键错误是连续多天坚持相同的练习方案。可预见性会导致厌倦，而厌倦是专注、记忆和学习的仇敌。

新奇可以吸引人的注意力。我们的大脑天生会被周围环境中的新特征所吸引。这是我们从祖先那里继承的一种本能。通过不断改变你的练习方案，你可以充分感受新奇的魅力。

通过比较篮球投手练习三天后的表现，研究者首次发现了这一意外现象。第一组投手在距离篮筐 12 英尺的地方练习投篮，连续三天。第二组投手练习了不同距离的投篮，包括在 12 英尺、8 英尺和 15 英尺。之后，实验者邀请两组投手去体育馆，并记录哪一组最能稳定地在 12 英尺的地方投中。结果相差很大。练习不同类型投篮的投手，成绩高出了

近 40%。

起初，这一结果似乎很难解释。毕竟，混合组三分之二的投篮距离甚至都没有经过测试。他们到底是怎么做得更好的？这是因为在任务间进行切换会迫使我们每次都要思考恰当的反应，而不是盲目地重复相同动作。它也教会我们要注意表现中的细微差异。

最有效的练习方法是避免长时间的重复，即使这意味着在目标技能上花费更少的时间。这些方法通过融合各种任务以利用新练习的力量能带来更好的表现。

确保实践具有挑战性的第二种方法是增加新困难。

在帮助纽约尼克斯队（New York Knicks）赢得两次美国职业篮球联赛的总冠军以及在美国参议院任职三届之前，比尔·布拉德利（Bill Bradley）还是密苏里州一位身材瘦长的高中生，迫切希望提升自己的篮球水平。但他有两个不容忽视的弱点：速度慢且运球不稳定。

一个雄心勃勃的青少年本该决定每周去几次赛道，或许在练习前多花 10 分钟训练运球。布拉德利不是这样。他本能地认识到，这两种练习都不会给他带来足够的压力。他的办法是：在运动鞋里塞进 10 磅❶的重物，在学校体育馆里摆放椅子，以及在眼镜的下半部贴上长方形的纸板，挡住他的

---

❶　英制单位。1 磅约合 0.45 千克。——编者注

视线。布拉德利一周七天的训练方案包括在球场上疾驰、在障碍物间转弯、在腿部承受一个比他大得多的人的重量的同时，目不转睛地盯着想象中的防守人员，而不是低头看地板。

与当今体育巨星马戏团式的训练相比，布拉德利的障碍训练看起来就像是小孩把戏。斯蒂芬·库里（Stephen Curry）的训练方案包括在球场上来回运球的同时尝试接住一个网球、在更衣室通道里投篮，以及戴上闪烁着令人迷惑的灯光的虚拟现实眼镜，以阻止他看到球场并要求他利用不完整的信息。

迈克尔·菲尔普斯的训练方案不仅强调了寻找新挑战的好处，也强调战略性地选择能让你为困难场景做准备的挑战的好处，无论这些场景看起来多么不可能。在2012年北京奥运会上，菲尔普斯在200米蝶泳的起点跳入泳池，他睁开眼睛发现护目镜里全都是水。他感到惊慌，但仍继续游着，勉强及时看清了泳池尽头的墙壁，避免了头部撞上它。在还剩两圈的时候，水的影响变大了，完全填满了他的护目镜，菲尔普斯再也看不见任何东西了。

难以置信的是，菲尔普斯对这种情况做好了准备。

他的教练坚持让他把一部分练习用在训练在黑暗中快速移动。在漆黑泳池中进行的练习让菲尔普斯知道了：能见度不足时，他可以通过数划水次数来确定自己的位置。菲尔普斯不仅通过数划水次数完成了奥运会200米的蝶泳比赛，还提高了速度，创造了新的世界纪录。

到目前为止，确保练习可以持续促进学习的最后一种方法最令人惊讶。它需要你完全放弃平常的练习方案，并将注意力转到全新的任务上去。

1986 年，当海斯曼奖得主赫歇尔·沃克（Herschel Walker）加盟达拉斯牛仔队时，球迷们期待在橄榄球场上看到大量杂技般的跳跃和难以捕获的旋转球。他们一定没料到，沃克会在休赛期与沃斯堡芭蕾舞团一起表演，而且他们会在表演中看到许多相同的动作。

沃克并不是唯一学习舞蹈的橄榄球运动员。他甚至不是第一个与专业芭蕾舞团一起在舞台上表演的全美橄榄球联盟的球员。橄榄球运动员们知道芭蕾舞的要求非常高，它需要敏捷、平衡和专注，这些技能都非常令人向往，而且有助于他们在球场上取得成功。

对于像沃克这样的橄榄球运动员来说，芭蕾舞是交叉训练的一个例子。交叉训练是指在相邻领域学习一项新活动的练习。交叉训练的好处很多，包括让球员保持健康，引入可以迁移的技术，以及强化未得到充分利用的肌肉群。它也可以培养运动员去进行一项可以全年练习的活动，减轻无聊或倦怠的风险。

这并不是说，所有橄榄球运动员都会在休赛期偷偷把球衣换成紧身衣。一些运动员会练习拳击以促进平衡、速度和耐力。其他人更喜欢柔术和空手道训练，以培养更快的动作、更好的手部放松技术和更高的专注力。许多人通过玩《疯狂橄榄球》（*Madden NFL*）系列游戏来保持敏锐性，在休息的同时培养模式识别技能。

只要选对活动，交叉训练就是一种让任何领域的人都能受益的方法。村上春树在不写小说的时候会去跑步和游泳，因为这两项活动可以促进耐力，他认为耐力是创作长篇文学作品的必要技能。乔恩·斯图尔特在担任《每日秀》（*The Daily Show*）的主持人期间，会在工作之余抽出时间玩填字游戏。这项活动可以提高语言技能，加强联想模糊内容的能力。这两项是写笑话的关键因素。

在过去十年里，报名参加即兴表演课程的商界领袖人数急剧增加，尽管这并不是因为他们突然对喜剧小品产生了兴趣。相反，越来越多的人认识到，与在办公室相比，在舞台上更能培养一名领导者应该擅长的深度倾听和应该存在的正念。

对于一个忙碌的人士来说，在排满任务的日程表上增加交叉培训的想法可能会让人感到害怕。这就是为什么，与其把交叉训练看成某项需要为其挤出时间的要求，不如把它用在选择我们的爱好上。通过找出希望改进的表现的要素，并问问自己还有哪些（有趣的）活动需要类似技能，我们就可以做出更具战略性的决定，决定哪些任务值得在休息时进行。

这可以是为害怕在观众面前展示产品的销售人员用卡拉

OK 唱歌，为希望提高对细节的注意程度的作家作画，为渴望提高自己精湛的动作技能的外科医生玩游戏。

归根结底，交叉训练之所以如此有价值，是因为它为新事物、挑战和成长提供了新机会。正如我们所看到的，这些都是学习所必需的。随着技能的发展，它们也越来越难获得。然而，在那些处于各领域顶端的人的练习日常中，有一件事格外突出，那就是对逆境、过去、现在和未来的不懈追求。

这是因为他们知道，没有困难的进步是不可能的。成功不是目的，是一种生活方式。

第七章 如何与专家交谈

我们通常认为，表现优异的人能够敏锐地意识到使他们与众不同的技能，并拥有将这些知识传授给任何他们选择的人的能力。

然而，这两个假设都不成立。如果是这样的话，那么体育界最著名的教练应该是退役的超级巨星，比如埃尔文·约翰逊（Earvin Johnson）和伊赛亚·托马斯（Isiah Thomas）。这两位美国职业篮球联赛的总冠军都曾尝试过执教，但结果都令人失望。在曲棍球领域，韦恩·格雷茨基在担任过凤凰城郊狼冰球队（Phoenix Coyotes）的主教练的时候导致了4个赛季的失败，之后他完全放弃了这项运动，转而在酿酒方面取得了巨大的成功。

这不仅存在于体育领域中。在学术界，大学教授有两项主要任务：发表高质量研究成果和教育学生。许多家长认为，最优秀的研究者（他们发表的著名论文为他们赢得了在名牌大学工作的机会）也是最有效的教师。但很少有证据支持这一点。相反，研究表明，根据教师的研究资历来选择导师差不多就像根据医生最喜欢的冰激凌口味来选择医生。

发表在《教育研究评论》（the Review of Educational Research）杂志上的一项综合分析通过考察教授做过的研究的数量和影响以及学生的评价，对50多万名教授的表现进行了评估。结论是什么？教授的研究成果与教学表现间的关系基本为零。也有证据表明，学生在那些未能（或尚未）获得相同职位的兼职教师的课堂上有更好的教育体验，而不是那些通过研究上的出色表现而获得工作的全职教授的课堂上。

公平地说，在研究领域中的表现和在教学中的表现不是齐头并进的现象并不令人惊讶。做研究和解释原因是两种不同的技能。

许多人每天都会系鞋带。尽管有过这种经历，但写一本系鞋带的操作手册的想法令人生畏。要编写一份有说服力的指南，你需要拥有写作诀窍、丰富的词汇量，以及对人们学习复杂运动技能的方式的理解。而每天早上系鞋带不会教你这些。

这不仅仅是因为缺乏训练。研究表明，获得专业技能会妨碍我们的解释能力。事实证明，我们一项任务完成得越好，就越不善于表达是如何完成它的。

为什么呢？

知晓答案会改变人们的思维方式

吉米·法伦看起来很慌乱。

他双手捂脸，开始自言自语。"哦不，哦不，哦不。"他把头埋在沙发里，侧身蜷缩成胎儿的姿势。

他的搭档，神奇女侠盖尔·加朵（Gal Gadot）并不担心。"听着，一切都会好起来的，"她鼓励道。她跪在他身边，拍了拍他的背："我们会做得很好。我们会做得很好。别现在跟我分开。"

法伦当然是在演戏。他正假装为团队获得字谜游戏胜利的可能性而感到心烦。这一场景囊括了所有让《肥伦今夜秀》（*Late Night with Jimmy Fallon*）大受欢迎的内容：搞笑的竞争，巨星云集，法伦的耍宝。

游戏刚开始时，法伦很严肃。加朵看到了提示。倒计时开始了。

她的第一个动作是握拳，然后放在下巴下方。

"歌曲！"法伦说道。

加朵点了点头，尽管她不能说话，但她补充道："嗯，嗯。"

她竖起四根手指。"四个字。"法伦说。又对了。

加朵的下一个动作更难理解。它需要加朵把双手放在骨盆上，蹲下，然后把双臂向下伸展，不停地挥舞。

　　法伦显然觉得棘手。他把一个垫子放在腿上，对着观众扬起眉毛，然后说道："哇！"

　　加朵重复了这个动作以示鼓励，但法伦很困惑。他四处观望他的制片人、观众、其他演员。最终，他冒险猜测道："《国家的诞生》？《宝贝回来》？《推倒它》？"

　　幸运的是，蜂鸣器响了，时间到了。加朵看起来悲痛欲绝。"啊！真的有那么糟糕吗？"她泄气地问道，"我应该帮你去猜的。"

　　她最终揭晓了答案，是布鲁斯·斯普林斯汀的经典作品《为跑而生》（Born to Run）。

　　"哦，《为跑而生》，当然是这个！"法伦说，并补充道，"真不可思议。我的错。"

　　当然，法伦非常有雅量。他无法理解加朵的姿势与他们两个表现得好坏没有关系。它反映了一种被称为"知识诅咒"的现象。这种现象可以概括为：一旦我们知道某事，就很难想象不知道它的时候的样子。

　　为什么加朵认为的简单明显的线索，法伦却一无所知？让我们探讨一个斯坦福大学的实验。这个实验中的简单游戏与《今夜秀》中的没有什么不同。在这项研究中，80名学生被两两分成一组。每队都有一个"敲击者"和一个"倾听者"。"敲击者"需要回顾一系列具有高辨识度的歌曲，然后选择3首他们非常熟悉的歌曲，通过手敲桌子的方式敲给搭档听。"倾听者"只有一项任务，那就是观看表演然后说出歌曲的名字。

游戏开始前，研究人员问了"敲击者"一个简单的问题：他们认为"倾听者"会辨别出多少首他们即将演奏的歌曲。"敲击者"很乐观，他们估计成功率有50%。但现实却与此大相径庭。当40对轮流完成实验时，实际数字仅为2.5%。

盖尔·加朵和斯坦福大学的"敲击者"都严重高估了他们线索的价值，知识诅咒揭示了原因：知晓答案会改变我们的思考方式。它让最初的判断变得难以理解。

为什么我们如此不擅长装糊涂呢？心理学家认为，这是因为我们的大脑是为接收新信息而进化的，而不是抛弃已经学到的东西。这是有道理的。在过去的进化中，把有价值的信息放在首位并抓住每个使用它的机会可以让我们活下来。

尽管知识诅咒在几千年前可能有助于生存，但它在今天却造成了各种各样的障碍。

我们无法想象那些与我们没有共同知识的人的思维过程，这一事实解释了为什么企业主通常会成为糟糕的营销者。他们与产品间的关系密切，因此无法理解普通客户对产品的看法。他们了解自己的竞争对手，这经常导致他们过度强调区别性特征，而普通客户通常认为这无关紧要。

知识诅咒也会导致许多具备能力的专业人士，特别是担任新角色的人，低估自己的技能。例如，新手咨询师常见的一种经历是，他们兴奋地发现，他们知道的实际上比最初设想的要多得多。这并不是因为他们自动产生了新能力，而是因为他们将自己与过去合作过的或研究过的专家进行了比较。但他们的客户没有这种经历。客户们沉浸于自己的行业中，他们几乎不具备与新手咨询师相同的知识，而且经常会对新手咨询师可能（最初）不屑一顾的见解感到满意。

谨慎面对专家的建议

知识诅咒带来的最大挑战可能是它会影响我们向专家学习的效果。专家们不仅无法设身处地为我们着想，而且有证据表明，他们会不自觉地低估掌握技能实际需要的时间。如果问诺瓦克·德约科维奇（Novak Djokovic）你应该花多长时间学习如何打出每小时 120 英里的发球时，你得到的答案可能只是所需时间的小部分。为什么？因为对德约科维奇来说，不知道如何打出时速 120 英里的发球，就像你我不知道如何阅读一样陌生。

更糟糕的是，让德约科维奇指导你并不能保证会有帮助。德约科维奇发球时的大多数动作都是无意识的。多年的经验使他能够压缩思考时间，让动作自动化。这让他可以从中解放出来，专注于其他关键要素。

这在球场上是一种优势。但它在教室里却是一场灾难。

教育心理学家理查德·克拉克（Richard Clark）花了几十年时间探索了这一难题。克拉克依靠的是一种名为认知任务分析（CTA）的技术。该技术费时费力，它需要对专家进行长时间的采访，通过询问相关问题，一步步揭示他们所做的内容。接下来，他会回顾专家做动作时的视频，明确他们在分类中提到的行为数量。克拉克分析了许多领域的专家，从网球专业人士到重症监护护士再到联邦法官。他的结论是什么？专家们忽略了 70% 的成功所需要的步骤，数量惊人。因为他们很少考虑这些步骤。他们大多数的行为都是在无意识中展开的。

有趣的是，当专家密切关注通常自动发生的行为时，他们的表现往往会崩溃。体育中称这一现象为堵塞。这发生在当专家处于过度的压力下时，这时他们的反应会将注意力转向内部，监控一系列复杂动作的每一步，而不是让它们自动发生。

以下是德约科维奇可能会堵塞的情形。在温布尔登网球比赛的五盘抢七中，德约科维奇在数百万人的围观下并没有直接走到发球线，然后打出发球，他突然发现自己正在数着弹球的次数、对自己握杆的位置进行猜测、提醒自己在挥杆时肩膀平放。要处理的信息太多了，这可能会颠覆德约科维奇的打法。这就是为什么堵塞往往会导致失败。

值得澄清的是，导致球员失手的不是巨大的压力，而是想太多了。

2008 年，密歇根大学和圣安德鲁斯大学的研究人员邀请拥有不同技术的高尔夫球手参加了一项实验。他们先让所有高尔夫球手在室内果岭上推杆，并记录他们的表现。不出所料，经验丰富的高尔夫球手表现得远比新手好。

接下来，他们让高尔夫球手们写一篇短文来描述他们的动作。指导语中写道："写下你能记住的每一个细节，不管它们对你的影响有多微不足道。"

其目的是揭示当高尔夫球手被要求回想动作时会发生什么。在这一简短的写作练习之后，高尔夫球手们再次获得推杆的机会。他们的表现再一次被记录。

实验者发现了什么？用语言描述这一过程对经验丰富的高尔夫球手来说是灾难性的。这并不奇怪。专业人士已经掌握了一系列复杂的任务。他们最不想做的事情就是拆解自动化过程。

然而，高尔夫球新手却获得了截然不同的结果。他们从反思训练中获得了益处。当没有自动化过程可中断时，执行一系列步骤正是新手学习一项新技能的方式。

这就引出了向专家学习的最后一个阻碍：他们会不自觉地使用新手难以接受的方式进行交流。多年的经验教会了他们将异常复杂的想法缩减为节省时间的抽象概念。他们还会抛出一些专业术语，这些术语对他们来说是第二本能，但对其他人来说就很令人费解。如果你曾在与机械师、医生交谈时存在困难，那很可能是他们的专业知识阻碍了你。

简而言之，专家们的想法与我们不同。他们会应用自己没有意识到的捷径，避免反思自己的行为，并且无法想象别人不知道他们知道的事情的情形。让他们拆解引领成功的行动时，他们会无意识忽略掉 70%。那么他们报告的 30% 呢？表达也会令大多数人觉得具有挑战性。

那么，我们如何才能向最了解情况的人学习呢？

要问专家什么

你在登机口，周围都是商务旅客、冬衣和随身行李，这时广播通知：因为技术故障，你的航班延误了。航空公司正在寻找另一架飞机和新的机组人员。起飞时间尚未确定。请耐心等待下一步指示。

你的第一反应是惊慌。你要赶联程航班，还有早会。正当你要在 Orbitz（美国在线旅游网站）上搜索其他航空公司的时候，你注意到了一张新面孔，一个你认为自己认识的人。一开始你想不起在哪里见过，但你后来突然意识到：那就是她。那个有播客、畅销书和出现在奈飞即将上映的特别节目里的人。她是你所在行业的专家。每个人都认为她是你所在领域的佼佼者。她来了。在你面前。

你可能会被吓到，如果她看起来不是那么慌乱的话。候机楼里拥挤了太多的乘客，根本没有座位。站着的空间也非常宝贵。你努力不去看她，但却不由自主地注意到她正在墙壁上搜寻电源插座。你这里是最后一个免费的。就在她靠近的时候，你决定冒险搭话。

"你想用这个吗？"你问道，从手机上拔下充电线。

"你确定吗？"她问道。你快速点了点头。"那真是太好了。谢谢。我的手机刚刚没电了。"她感谢道。

就在这时，坐在你旁边的那个人站起来走了。这提醒了你，你该寻找另一个航班了。就在你开始寻找的时候，她坐到了他的座位上，对你微笑。

然后你突然想到：她没有手机。飞机晚点了。除了说话，你别无他法。人们很乐意花费数千美元与这位专家私下交谈。现在，这一千载难逢的机会降临在你身上。

那么，你应该问些什么？你可以提出哪些问题以让专家分享有价值的见解？你能做些什么（如果有的话），来减少搅乱讨论的知识诅咒的影响？

与专家交谈时，有 3 类问题值得考虑：历程性问题、过程性问题和发现性问题。

历程性问题旨在实现两个目标：挖掘专家的成功路线，让他们回想作为新手时的经历。了解专家从业余到专业的过程，可能会让你对自己如何重新创造这个过程有强烈的认识。让专家反思职业生涯的初期，也可能会帮助他们更有效地与新手建立联系，以给新手提供更有帮助的建议。

关注专家发展历程的问题可以包括：

- 您读 / 看 / 研究了哪些人的作品来了解你的行业的？
- 您最开始犯的错误是什么？

- 您希望在最终不是很重要的事情上花费更少的时间吗？
- 您学到了哪些需要密切关注的衡量标准？

过程性问题触及了实施的实质。它们旨在通过深入研究专家为实现工作而采用的具体步骤来阐明专家的方法。这些答案对逆向工程特别有价值，因为它们拉开了帷幕，揭示了一项复杂工作是如何展开的。

记住，关于专家方法的问题越广泛就越可能导致信息不全面。我们已经看到了，在专家的头脑中，许多行为是自动发生的，他们只需要有限的预想或思考。出于这个原因，我们在提问的时候，避免一般性问题和询问细节很重要。

关注专家实施过程的问题可以包括：

- 我对您的实施过程很好奇，您可以讲讲吗？
- 您的想法和策略来自哪里？
- 您是如何计划的？
- 当您创造时，您的习惯是什么？

发现性问题可以让专家专注于作为参考点的最初的期望，并让他们将这些期望与当下所了解的进行比较。通过将专家的注意力转移到意外发现上，你可以让他们思考当他们还处于你的位置时，所不具备的有用见解。

关注专家发现了什么的问题可以包括：

- 回过头来看，什么最让您感到惊讶？
- 您希望在刚开始的时候就知道的内容是什么？
- 哪些因素对您没有料到的成功来说是至关重要的？
- 如果您今天必须要做什么，您会做什么不同的事情？

你收集到的答案会随着专家的不同而不同，这没什么。你并不是在寻找能确保成功的一个突破性进展，因为它并不存在。你只是在发现某位专家认为最重要的因素。

焦点小组主持人对揭秘有何了解

弄清楚该问的问题只是个开始。更重要的是，你要以一种让专家敞开心扉的方式提出问题，并保持回应以揭示更多有用的信息。

让我们从第一个开始：让专家敞开心扉。

掌握了让人在短时间内暴露敏感信息的一个职业是焦点小组主持人。他们的许多技巧都可以很容易地应用到与专家的对话中。

在主持人用来提取有用信息的众多策略中，第一个也是最重要的是接受幼稚的好奇心。如果你曾参加过焦点小组，你就会知道主持人并不担心别人对其学识的印象。他们通常会提出基本问题，并拒绝做假设，因为这会让调查对象放松，从而给出更全面的回答。

你可能听说过这样一句话："如果你是房间里最聪明的人的话，那么你就走错了房间。"主持人从来不是房间里最聪明的人，因为他知道，当你试图让别人敞开心扉时，你就得让自己变弱。

焦点小组主持人也会从战略上对问题进行排序，而不是把最重要的项目放在首位。他们会把容易回答的问题放在第一个，从而让调查对象放松。出于这个原因，许多调查都是从询问性别开始（一个简单的、非侵入性的项目），直到最后才问你的家庭收入（一个复杂且高度隐私的项目）。研究人员知道，在回答了一些无关紧要的问题后，你更愿意暴露敏感信息。

但主持人真正能获得回报的地方是成为杰出的听众。在主持焦点小组时，你会发现，你所获得的信息的质量通常与最初的问题没多大关系，反而与你点头、保持沉默和等待调查对象详细说明的能力有关。有效的倾听有助于表明你对演讲者讲述内容的重视，这会让他们说得更多。

专业的主持人通常会准备好一些措辞，以便让调查对象详细叙述或解释他们说过的话。预先写好陈述和问题，可以方便主持人在需要更多信息的时候礼貌插话。

引出详细叙述的措辞可以是"这很有趣，你为什么这么说？"的形式或者直接是"多说点"。由于专家们倾向于使用行话和抽象概念，所以准备几个方便且常用的引出解释的措辞特别有用。它们包括"你能换种方式说吗？"或者"等一下。请回到刚才。我不是很理解"。

请记住，与专家交谈，即使是最有效的引出详细叙述和解释的措辞也不一定会有用。因为专家不仅知识渊博，而且他们浓缩了自己掌握的知识，这使得与他们的交流变得困难。因此，我们不仅要问和听，还需要学会转化，将专业用语转化为新手可以轻松掌握的经验。

揭开专家神秘面纱的一种方法是寻求范例。专家们倾向于使用抽象且复杂的想法，这让初学者觉得很笼统。抽象的对立面是细节。

在学习方面，研究表明，从例子开始，而不是抽象的理论课程，会加快理解过程，减少错误数量。这是因为例子是具体的，这既使它们更易于理解，又能让听众产生自己的解释，加深其理解的层次。

另一种转化技巧是寻找类比。类比是用熟悉的事物解释不熟悉的内容。如果一位朋友告诉你，他正在创办一个在线航空市场，能将乘客、飞行员和飞机连接起来，你很可能会有一两个问题。但当他说"这是飞机层面的优步"时，就好像揭开了它的面纱。通过将一个看似复杂或模糊的想法与你已经拥有的知识结构相联系，你就可以清楚地了解它。

找到正确的类比有助于了解专家。作为专家，他们不需要用日常概念来理解自己领域内的想法。然而，对于新手来说，将不熟悉的事物与熟悉的事物联系起来，可以让一切变得不同。因此，以下两种做法都很重要：询问专家是否可以提供一个简单的类比或比喻，或者自己联想一个以确认它是否合适。即使你提出的类比并不完全匹配，听一听原因也可能会加深你的理解。

当范例和类比还不够充分时，你可以要求专家进行演示。"您能演示一下吗？"这句话通常足以让专家从讲述转变为演示。与范例一样，演示可以将抽象内容具体化，并引导我们产生自己的解释。演示可能并不是实用或方便的，但这并不意味着它不值得提出。专家通常有新手不熟悉的资源（例如录像资料库、文字库或屏幕截图的库），这些资源多半可以共享，并反映他们试图传达的想法。

另一种值得使用的技术是治疗师常用来帮助客户感觉到被倾听的技术。它被称为复述。它需要对听到的内容进行释义，以确认你的理解是否正确。常用的话包括"让我看一下我理解的对不对"，然后用不同的话语重新叙述复杂想法。这样做有两个目的：一是引导我们更加深入地处理信息；二是揭示我们理解上的缺漏。如果你觉得复述不自然，那就少用它们，把它们留给批判性想法。你可能会对一件事感到惊讶，那就是它们在促使他人找到一种更清晰的沟通方式方面做得如此出色。

在讨论接近尾声时，你可以插入两个调查记者常用的问题："有什么我应该问却又没问的吗？"和"您还建议我和谁交谈以了解更多信息？"。后者可以让你将一次专家访谈变成多次谈话，特别是如果你的专家愿意推荐的话。这一点很重要。它不仅可以让你进入一个由知识渊博的从业者组成的群体，还可以帮助你更全面地了解你所在领域的专业知识。

我们知道，大多数专家在用语言描述过程时，会省略大量步骤。有一个方法可以减少专家记忆缺失的影响，那就是采访多名专家。

一旦接受采访的专家人数从 1 增加到 3，那么缺失的行动的比例就会缩减到 10%，这一比例是可控的。

结论是，在大多数情况下，没有一位专家能教给你所有你需要知道的东西。就像创造力一样，成功也是通过结合想法实现的。研究的专家越多，成功的路线就越清晰。

并不是所有反馈都是有效的

威廉·莎士比亚是最伟大的作家之一。文学学者都会称赞他的复杂的情节、巧妙的用语和持久的影响力。

但亚马逊的读者怎么想？

一位顾客购买了一本名为《威廉·莎士比亚全集》（*William Shakespeare: Complete Works*）的书，以下是他留下的一篇评论：

这篇文章是用什么语言写的？

如果出版商能让我们知道这本书是用几个世纪以来没人说过的语言写的，那就太好了。

还不如用克林贡语 ❶（Klingon）写。真是浪费钱。

俄罗斯小说家列夫·托尔斯泰（Leo Tolstoy）也好不到哪里去。以下是 Goodreads.com（在线阅读网站）对文学经典《战争与和平》（*War and Peace*）的评论，它获得了 34 个赞：

这就是一本傲慢且过时的废话。我都搞不懂这本书当初是如何出版的，更不用说它是如何多年来一直被视为"经典"的……

为了避免你认为这只是老一代作家的经典作品无法引起现代读者的共鸣，你粗略地看一下近代作家乔纳森·弗兰岑（Jonathan Franzen，"评价过高、过于考究、过度吹捧"）、加夫列尔·加西亚·马尔克斯（Gabriel García Márquez，"相当无趣"）和托妮·莫里森（Toni Morison，"深受爱戴？不是！"）的书的评论，就会发现事实并非如此。

我们生活在一个充斥着反馈的世界。在此之前，创意人士从未获得过很多关于人们对他们作品看法的信息。在《满

---

❶ 克林贡语是构造较为完善的一种人造语言。使用这种语言的克林贡人是科幻作品《星际迷航》里一个掌握着高科技却野蛮好战的外星种族。——译者注

足人性：决定产品成败的设计潜规则》（*User Friendly：How the Hidden Rules of Design Are Changing the Way We Living, Work, and Play*）一书中，克里夫·库昂（Cliff Kuang）和罗伯特·法布里坎特（Robert Fabricant）指出，虽然人们容易认为互联网的主要贡献是将距离遥远的人们联系在一起，但它更大的作用可能是将反馈变成商业交易的核心特征。现在，即使是最小的交易，我们也可以对卖家、产品和服务提供者进行评价。互联网还训练我们为朋友"点赞"，"夸赞"同事，（最引人注目的是）拒绝购买任何没有好评的东西。

一方面，在过去十年中，反馈的爆炸性增长提供了明显优势。它能让客户做出更明智的购买决定，根除劣质产品和不道德的商家，并使企业能够通过不断适应客户需求而发展。它还为创意人士提供了大量数据点，以调整自己的表现。

然而，正如上面对文学经典作品的评论所表明的那样，并不是所有反馈都是有效的、富有洞察力的或具有启发性的。

在本章的前半部分，我们探索了向专家学习所面临的意外挑战，并找到了克服这些障碍的策略。后半部分的内容是从非专业人士和普通大众的反馈中获取见解，以帮助我们缩小愿景和能力间的差距。

让我们先来看看为什么我们收到的许多反馈往往价值有限。

就个人而言，保持积极关系的愿望往往会阻止朋友、同事和家人提供中立的反馈。而在网上，评论越具挑衅性，就越可能吸引人们的注意力。奖赏结构可以激励评论者专注于看起来精明，而不是提供帮助，而挑剔最容易实现这一点。此外，评论者看不到批评对象的反应，这就很容易理解为什么多数网络评论具有煽动性且冷酷无情，而且存在任何理性的人都不会面对面发表的反馈。

但是，包括准确、客观和真诚的反馈在内的各种反馈还有一个更大的问题。发表在《心理学公报》（*Psychological Bulletin*）上的一项综合分析对 600 多项反馈研究进行了分析，结论是，尽管反馈经常有用，但它并不能保证一定有用。事实上，超过 1/3 的案例显示，反馈会带来不利影响。

我们需要他人的反馈来提高自己。然而，我们收到的反馈往往范围广泛，从吹捧到苛评，并伴随着破坏我们工作的极大可能性。

那么，我们如何训练身边的人提供更好的反馈呢？

如何训练你的朋友为你提供有益反馈

昆汀·塔伦蒂诺是一位高中辍学生，在执导其第一部电影《落水狗》（*Reservoir Dogs*）之前，他通过兼职和睡在朋友的沙发上勉强维持生计。

塔伦蒂诺是一位电影爱好者，他决心要在好莱坞取得成功。他把晚上的时间都花在写剧本上。他很成功获得了几个次要的表演角色，其中最引人注目的是在《黄金女郎》（*The Golden Girls*）的一集中扮演猫王的模仿者。

塔伦蒂诺认为表演只能让他走这么远。如果说有什么能让他取得突破的话，那就是他的写作。塔伦蒂诺不知疲倦地写着电影剧本。他非常了解这件事的风险性。23 岁的他只能不停地换工作，换居住的地方，并祈祷自己能获得重大突破。

因此，当一位制片厂的主管同意读一读他的《浪漫风暴》（*True Romance*）的剧本时，塔伦蒂诺欣喜若狂。谁知道呢？也许就这样了。至少，他会知道自己的道路是否正确。

以下是塔伦蒂诺经纪人收到的回复：

你怎么敢寄给我这种垃圾。你一定是疯了。

现在，让我问你一个问题：这个反馈有什么问题？

当然，这并不是塔伦蒂诺期望的回应。是的，它过于苛刻。但这确实是一种反馈。制片厂的主管不喜欢这个剧本。

杰瑞·宋飞清楚地知道这种反馈缺失的内容。它缺乏有用反馈的一个核心特征：具体性。

宋飞在 2018 年接受《纽约时报》杂志采访时说道："我总是会思考那些写书的人。他们将灵魂倾注在一本书中多年，这时有人走到他们跟前，对他们说，'我喜欢你的书'，然后就走开了。他们不知道什么有用、什么没用。这是多么可怕的感觉。"

当像宋飞这样的喜剧演员进行现场表演时，他们收到的反馈是具体的。它能准确告诉演员什么能引起共鸣、什么不能，因为每个笑话都有属于自己的回应。宋飞会像厨师品尝一道菜，或者像美国全国橄榄球联盟的教练分析录像或视频那样仔细查看收到的反馈。他甚至声称，如果你给他放一段表演录音，并去掉所有笑话，他仍然可以通过观众的笑声来识别准确的片段："笑声中有很多信息，包括它的音色、特征和持续时间。"

当反馈具体时，它能说明复杂作品的一个显著特征。告诉塔伦蒂诺他的剧本是一堆"垃圾"和解释他的主角间没有相关性的反馈是完全不同的。

反馈的精确度能让指导变得有意义。

大声朗读书面作品是揭露观众反应并获得反馈的一种方式，大卫·塞德里斯（David Sedaris）这样的作家在发表文章前会使用这种方式。塞德里斯四处在现场观众面前朗读他未完成的文章，并记录下他们的反应。

另一种获得具体反馈的方法是认真提出问题。不要问"你怎么看？"或者"你能给我一些反馈吗？"，你需要花点时间找出你的作品要达到什么水平才算成功，然后询问与此相关的问题。例如，如果你正在起草一份重要的提案，你可以问同事是否觉得你的开场白有吸引力，或者时间的安排是否艰巨，而不是征求总体的反馈。反馈越具体，你就越能更好地利用受众的反应。

这就引出了有益反馈的第二个特点：它优先考虑的是提升对方而不仅是评估。最好的反馈不仅能告诉对方是否成功，它还会帮助对方发现变得更好的机会。

人们在寻求反馈时经常会犯的错误是问一些旨在获得表扬的问题。"你喜欢它吗？"是一个迫切需要得到安慰和认可的问题。无论听到别人称赞我们的作品多么令人欣慰，但它都无益于进步，特别是当我们给别人施加压力让他们这样做的时候。

有时候，被喜欢的渴望和变得更好的渴望是相互矛盾的两个目标，认识到这一点很重要。被喜欢的渴望也会使我们分享批判性反馈的意愿复杂化。这就是为什么，与其让他人简单地称赞我们，不如让他们简单地提出改进的机会。

讽刺的是，征求更好的反馈的一种方法是完全避免征求反馈，转而寻求建议。

2019 年，哈佛商学院的一队心理学家调查了收集意见的最佳方法。与征求反馈相比，寻求建议可以更全面地评估有效因素和无效因素，并提出更多改进建议。

为什么会有如此巨大的差异？研究人员认为，反馈会促使评论者将表现者当前的努力与过去的表现相比较。而提供建议则会将评论者引导到表现者未来的可能性上。着眼于未来会让评论者考虑改进的机会，从而助其创作出更丰富、更有成效的评论。

另一种产生更高质量反馈的方法是直接针对自己的弱点提出问题。喜剧演员兼编剧迈克·比尔比利亚（Mike Birbiglia）让同事们审阅他的剧本，然后问道"你什么时候感到无聊？"。对于评论者来说，这个问题比"你不喜欢什么？"更容易回答。但对比尔比利亚来说，它在确定需要修改的要素方面也起到了类似的作用。

同样重要的是，比尔比利亚的问题让评论者的注意力集中在剧本上，而不是表现者身上，这更易于比尔比利亚的朋友和同事去批评一份文件而不是批评他。这就是为什么像"什么能让这次演讲更有说服力？"这样的问题比"哪件事我能做得更好？"这样的问题更好。后者意味着你知道你做错了某件事，对评论者来说，承认它是有风险的。

有益反馈的另外两个值得注意的特点是观众和时机。

你征求反馈的对象应该是一个你会认真对待他们的批评以及精挑细选的群体。在寻求反馈时，我们多半会选择我们不需要太费劲就能快速联系到的人。这是个错误。要让反馈有用，那么它必须来自那些可以代表你目标观众观点的人——你最终想要与之产生共鸣的群体。

这个建议看起来似乎很合理，但这却是一个令大量聪明人经常上当的陷阱。有抱负的作家通常会花几年的时间来完善一部小说或剧本，他们会向谁寻求反馈呢？他们的朋友和家人。但他们忽视了这样一个事实，那就是朋友和家人是他们所能找到的最具偏见性的观众。我们经常会在职场犯类似错误。虽然在已有的客户身上实施新的商业想法会提供更有用的信息，但是大多数员工还是更倾向于从同事或配偶那里征求反馈。

我们最好避免高产低质的反馈，无论它多么便利或诱人。从错误观众那里得到反馈反而比得不到反馈更糟糕。

这就引出了时机问题。在体育中，反馈是持续且即时的。当全美篮球协会的球员勒布朗·詹姆斯（LeBron James）跳投时，他很快就能知道自己是否成功。当投篮命中时，它的轨迹会提供线索，提示他在下一次尝试时应该改变什么。实验和接收反馈的不断交替是运动令人振奋的很大一部分原因。

知识型工作是不同的。无论你是在起草一份提案还是开发一个网站，不断征求反馈不仅不切实际，而且会分散你的注意力。（想象一下，在打完每个字母后都会收到反馈。）最近的一些研究发现，在复杂的脑力任务中，频繁的反馈不仅没有帮助，反而会削弱我们的表现，扼杀我们的学习。这是因为执行具有挑战性的活动需要全神贯注。持续的反馈会分散注意力，使我们无法保持专注。

对于需要创造力的工作来说，持续的反馈可能非常有害。创造性想法会在安全的条件下成长，而且需要时间来成熟、成形和发展。它们在我们准备好之前就已经不断受到了评估，这让我们尝试非常规的东西变得更加困难。

结论是什么？反馈有价值，但只是在一定程度上。太多反馈会让我们脆弱、疯狂和不知所措。然而，有两种反馈通常对知识型工作特别有益，那就是即时反馈和延迟反馈。

即时反馈与被市场研究人员称为概念测试的做法非常吻合。它是一种建议，揭示了一个想法是否在总体上朝着正确的方向发展、是否值得追求。酸奶公司 Chobani（美国希腊酸奶品牌）在将酸奶与巧克力和坚果搭配之前，会先向一群顾客展示这个想法，以衡量他们的反应。顾客们（尤其是那些出门吃早餐的顾客）喜欢这种搭配。这项研究证实了 Flip 酸奶（Chobani 旗下的一款酸奶零食）值得研制，并提供了旨在吸引旅途中食客的巧妙的一体式包装设计。

延迟反馈的目的不同，它旨在帮助我们调整执行过程。当我们觉得距离项目太近而无法客观评估时，外部视角会在我们竭尽全力完成一项任务后再次发挥作用。

表现优异的人如何利用反馈成长

有一件事我们还没有谈到。它显而易见却又易被忽视。它是所有雄心勃勃的人都会遭遇的致命弱点，而且没有人愿意承认。它也是我们向朋友和家人寻求反馈、讨厌绩效评估，以及有时会在不情愿地寻求外部意见之前，花几周（如果不是几年的话）独立"完善"项目的另一个原因。

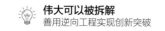
我们被消极反馈吓坏了。

这种冲动很合理。听到我们尽最大努力都达不到预期效果的消息是一种痛苦且令人不安的经历。这在一定程度上是由人脑感受失败的方式造成的。

批评会引发皮质醇的释放。皮质醇是一种压力荷尔蒙，它会增加焦虑，扰乱注意力，阻止我们专心倾听。当感觉受到威胁时，我们会采取以斗争（防御性反应）或逃跑（结束谈话）为特征的防御姿态。这两种方式都不会引发自我反省或促进发展。

通常，我们告诉自己的关于挫折的叙述会让情绪的影响变得更糟。

出于这些原因，对大多数人来说，从消极反馈中学习并不是自然发生的。但这是一项关键技能。它能让表现优异的人从失败中成长起来，在失望面前保持自信，利用获得的见解提升自己的水平。所以，他们的秘诀是什么？我们如何克服对批评的本能厌恶？研究还能建议我们做些什么以从消极反馈中获得成长？

在找到解决方案之前，让我们来思考一个例子。假设，你正准备在公司的每个人面前做一个重要的演讲。你很紧张，所以你花了很多时间准备。然后，在这一重要日子的前一周，你把3个值得信赖的同事叫到会议室，让他们对你的演讲进行评论。

他们的反应并不像你想象的那么积极。沮丧之余，你抓起便签做笔记。为了保持镇定，你不断地责备自己。让我们在这里暂停。假设，你的同事的批评大体上是中肯的，那么，你可以做些什么来利用他们的反馈，而且不会感到戒备、泄气或不堪重负？

第一种策略是将消极反馈转化为纠正的行动。一旦你将批评转化为纠正的行动，那么它更像是机会，而不是指责。

2015 年，南加州大学的研究人员获得一项有趣的发现：并不是所有的错误都会激活令人痛苦的前脑岛。它们有时会激活令人愉悦的腹侧纹状体。是什么决定了哪个区域被激活？事实证明，当犯错与新的学习相结合时，我们会觉得它们是有益的。我们获得的知识让我们看到了避免错误和在未来成功的新机遇。

将消极反馈转化为纠正的行动是有益的。它让人觉得失败是暂时的。当前的演讲没有成功并不意味着它永远会处于这种状态。实施任何你确定的改变都可能产生积极的结果。

第二个策略是休息一下，后退并与工作保持心理距离。当我们沉浸于一项活动时，我们的关注点自然会缩小。视野狭隘不仅会让我们保持戒备，也会让我们抵触涉及额外工作的建议。花时间思考总体目标会让我们思考得更长远，让我们更易于接受批评。

研究表明，花时间生闷气和沉浸于失望情绪，实际上对我们有益。很少有人会料到这一点。尽管我们通常不会将忧思与优异表现联系在一起，但正是在那些自我反省的痛苦时刻让我们发现了关于自己的重要见解，并加大了取得成功的动力。

我们要用长远眼光来提醒自己：我们还有时间去改进，做不好这项任务不能定义我们。时限的延长减轻了立即证明我们当前能力的压力，让我们更愿意接受不安以换取长期发展。

最后一个策略是重新解读奋斗的经历。每个人都应该奋斗，无论他多么聪明或多有天赋，因为这是智力进步的方式。

喜剧演员普遍拥有这种态度，他们把能够经受住糟糕表演（被亲切地称为"失败的""垂死挣扎"或"自讨苦吃"）的能力看成迈入高职业水准的一种仪式。

许多喜剧演员，包括约翰·奥利弗在内，都把自己因糟糕的表演而遭受的痛苦视为一种骄傲。他在《肥伦今夜秀》节目中说："我已经失败了太多次，我真记不起最糟糕的一次了。我忍受了这些耻辱。我经历了太多，它们都是我公开的耻辱和污点。"该节目致力于记录超级明星喜剧演员的失败。

艾米·舒默（Amy Schumer）将她从业余单口相声演员到职业喜剧演员的转变归功于她持续忍受数周残酷场景的意愿。"我们5个人巡回演出，我每天晚上都会在舞台上出错误。我会在巡回演出的巴士上哭，第二天晚上出去表演时再哭一次。有时一晚有两场表演……到了最后，我麻木了。我只是每天晚上都很痛苦，所以我停止了忧虑。"

哥伦比亚大学和芝加哥大学进行的一项研究表明，相较于消极反馈，那些经验丰富且获得过成功的人对消极反馈更感兴趣，因为他们认识到它包含着改进的重要线索。积极反馈当然讨喜，但它不一定能让你更优秀。

作家查克·克罗斯特曼曾花费数十年时间采访音乐、体育等流行文化领域的优秀人士。这段经历让他对反馈与成功的关系的理解更为深刻："如果你想避免批评，与其变得杰出，不如只是当下做得更好。"

如果你希望自己变得更优秀，那么你就需要容忍消极反馈。

结语
邂逅卓越

凡·高年幼时，所有认识他的人都不曾料到他会成为一位著名艺术家。

谁又能责怪他们呢？即使是历史学家也无法指出他会在童年的某个阶段对艺术展现出丁点兴趣，更不用说拥有隐藏天赋了。他们所了解的年幼的凡·高喜怒无常、风风火火而且痴迷于奇怪的事物。

当他的兄弟姐妹们玩弹珠和玩偶的时候，凡·高会悄悄溜出房子，踏上漫长的探险之旅。几个小时后，他会带着野花、甲虫和废弃的鸟巢回家，并将它们偷偷带到阁楼上进行分类，更新他与日俱增的收藏。

凡·高的父母对儿子的古怪行为感到震惊，于是他们把他送到了寄宿学校。幸运的是，凡·高被安排在了欧洲最好的艺术老师的班级里。这位迷人且富有魅力的老师激发了许多学生的创作灵感。但凡·高不在其中。

第二年，凡·高就彻底辍学了。当时的他只有 15 岁。无所事事了很长一段时间后，他尝试了很多职业：书店店员、家教、传教士，但都失败了。直到 27 岁时，他才开始整天绘画。几个月后，他自称是一名艺术家。

如今，凡·高被认为是历史上非常有影响力的艺术家之一。

想想以下事实：凡·高并非有与生俱来的天赋，当他宣称自己是专业人士时，他也没有展现出特别的迹象。在他的职业生涯中，他几乎没有受过任何职业培训。他有的只是作为艺术家的十年工作经历。

他是如何变得出色的？

我们非常了解凡·高的职业发展历程。这是因为在他在世的 37 年里，他给亲友们写了非常多直言不讳的信。在他不幸去世后，这些信被他弟弟西奥的妻子收集了起来。他一共写了 800 多封信，让我们得以窥见凡·高的经历、挣扎和动荡的情感世界。

所以，凡·高的秘诀是什么？他是如何在没有老师的帮助下发展技能的？他到底是如何在如此之短的时间内从一位卑微新手变成受人尊敬的大师的？

当凡·高决定成为一名艺术家时，他做的第一件事就是找到他可以解构、分析和复制的模式。他通过复制让-弗朗索瓦·米勒（Jean-François Millet）和朱尔斯·布雷顿（Jules Breton）的动态绘画来掌握人物的绘画技巧。他通过临摹查尔斯·道比尼（Charles Daubigny）和西奥多·卢梭（Théodore Rousseau）的作品来学习风景画。他努力通过细心模仿汲取广泛经验。他观察了成功艺术家用颜料传达情感的方式、每一笔的线条长度对眼睛感知运动方式的影响以及阴影和反射是如何赋予绘画细微差别和深度的。

凡·高小心翼翼地不将自己局限于某一特定流派，享受尝试不同艺术家画法的快乐。他研究了印象派同时代的人，并迷上了作品刚刚进入欧洲市场的东方艺术家。

凡·高对不同流派间的细微差异很敏感，通过借鉴不同作品，他发展和完善了自己的品位。当看到自己欣赏的作品时，他会将作品的复制品添加到自己的收藏中，并专心分析。日本艺术品的简约性给他留下了深刻印象，他的名下有1000多幅日本作品的复制品。

他也会冒险走出绘画领域寻找其他领域有影响力的作品。凡·高非常喜欢阅读并且从乔治·艾略特（George Eliot）、埃米尔·佐拉（Émile Zola）和夏洛特·勃朗特（Charlotte Brontë）的作品中找灵感。他最崇拜的作家是查尔斯·狄更斯（Charles Dickens）。正如他对西奥说的那样："我的一生都致力于画出狄更斯所描述的日常生活中的事物。"

通过从这个巨大宝库中汲取知识，凡·高能够将不同流派的元素结合在一起，创作出令人惊叹的原创作品。他从米勒那里学到了描绘勤劳农民的日常生活，从克劳德·莫奈和卡米耶·毕沙罗（Camille Pissarro）等印象派画家那里借鉴了明亮鲜艳的色彩渲染方式和运用少量颜料的做法，从日本艺术作品中引入了浓重的轮廓线和无阴影的元素。

我们现在所赞赏的凡·高独特、强烈且鲜艳的风格并不是一蹴而就的。它是多年缓慢累积的产物。它随着凡·高遇到新作品、应用新发现以及不断实验的过程逐渐显现出来。

凡·高喜欢做实验。他会尝试用不同的原料，从木炭、铅笔、钢笔再到画笔。他也尝试了不同的风格，从现实主义（realism）、表现主义（Expressionism）到新印象派（Neo-impressionism）。他还掌握了许多绘画技巧。他最开始使用的是水彩画薄涂，随着时间的推移，他逐渐被现在称为厚涂（impasto）的技术所吸引。最引人注目的是他在色彩使用上的变化——从早年的颜色深且互补转变为与之完全相反的色彩鲜艳且对比鲜明。

如果凡·高行事谨慎且规避不断的挑战（获得技能所必需的），那么他作为艺术家的成长和发展也不可能出现。相反，他坚持不懈地练习，在短短十年内创作了2000多幅油画、图画和素描。他不仅多产，还有意将注意力集中在自己的弱点上，测试自己的能力极限。正如他在给一位艺术家朋友安森·梵·哈巴（Anthon van Rappard）的信中所解释的那样，"为了学会我不会的东西，我会不停地去尝试"。

我们之所以知道这一切，是因为凡·高长期致力于思考自己的不足，并将想法记录下来。在这个过程中，他从反思性实践的好处中获益。

凡·高不是通过与生俱来的天赋或者来自训练有素的专家的数十年指导而成为世界上最受爱戴和认可的艺术家之一的，而是通过自学实现的。他是如何自学的？他通过收集欣赏的作品，找出使它们独一无二的关键特征，并重新创作。他并不只是模仿，他还不断改进。他应用发现的规律，通过组合不同作品，试验不同工具、风格和技术来提升技能。在短暂的职业生涯中，他不断挑战自己的能力极限，抓住进步的机会，并以将偶然的观察结果转化为可操作想法的方式进行深刻反思。

后记

让我们一起回顾本书的精华，并从中找出可以在日常生活中利用它们的方法。

1. 做一名收藏家

成就卓越的第一步是认识到他人的卓越之处。当遇到能够触动你的作品时，你要去审视、研究它，并将其收藏。文案撰稿人会收集标题，设计师会收集商标，顾问会收集演示文稿，要想寻找灵感，帮助自己树立鸿鹄之志，你需要像参观私人博物馆一样参观你的收藏品。

2. 发现独特之处

要想向你最喜欢的作品学习，你需要找出它们的独特之处。当遇到能够共鸣的作品时，你要养成思考"这一作品有什么不同之处？"这样一个问题的习惯。通过比较一流作品和普通作品，你要准确找到一流作品的优秀之处。

3. 从蓝图的角度思考

几乎每个你欣赏的作品都是通过蓝图发展起来的：厨师的食谱，作者的大纲，网页设计师使用的站点地图。与其试图重新创作一个完整作品，不如注入一定的抽象性起草一个高水平提纲。通过反推和精心设计蓝图，你会找到揭开复杂作品神秘面纱的模式。

4. 不要模仿，要升华

模仿别人大获成功的经验被认为是非原创的最快途径，但它不一定能让你获得成功。但是，通过添加新内容、应用相邻领域的规律，你可以找到属于自己的方法。

5. 接受愿景与能力间的差距

大师的作品会让你了解成功所必需的标准。你很可能无法达到这些标准。在这一点上感到气馁或者想要退出很自然，但请记住：拥有高雅品位和清晰愿景是实现期望的有力指标。在许多情况下，仅是察觉到某些东西并不重要，拥有不断修正的动力和毅力才是业余爱好者和专业人士间的区别。

6. 有选择地记分

正确的衡量标准可以让你有责任感，可以提供反馈、揭示改变游戏规则的模式。只是要注意避免痴迷于任何单一的标准，也不要忘记随着自己的进步去更新指标。

7. 降低冒险的风险性

冒险虽是成长所必需的，但它也会让人本能地感到不适。你也可以通过微实验、用化名发表作品、在开发产品前预售想法以及将时间分散投资到不同的项目上来测试想法，降低失败成本。不要浪费精力去冒险。

8. 质疑舒适感

情绪会在值得追求和应该避免的结果方面提供宝贵且实时的指导。在这一规则中，一个值得注意的例外是我们在技能获取过程中的经验。无论是在职场还是在家里，表现优异的人都不认为舒适会带来成功。相反，他们认为这是一个发展停滞的信号。

9. 利用未来和过去

重复和反馈可以帮助你提升自我，特别是当它们针对的是你的弱点时。但是，如果这是你唯一正在进行的练习，那么你很可能只利用了潜力的一部分。另外一种练习也值得使用，即反思性实践。这种练习可以提供大量令人印象深刻的认知和情感上的好处。

10. 明智地提问

知识是一把双刃剑。为了最大限度地利用与专家的对话，你需要准备好问题以及措辞，以促使专家透露更多。但专家并不是唯一能帮助你提高的人，非专业人士同样有价值。

无论在哪个领域，你取得高水平成就的能力都不需要由你是否有幸拥有与生俱来的天赋或碰巧接受了专家的指导来定义。

我们生活在一个创意空前丰富的时代。网络给我们提供的想法和观点比前几代人梦寐以求的更为广泛。搜索引擎、数字化期刊和在线图书馆让任何可以进入互联网的人都能找到前沿理论和被忽视的珍宝。

读过这本书后，你也知道了如何解锁、掌握它们。

是时候看看你能做些什么了。